U0584627

反讨好心理学

：不去讨好任何人

申平平 —— 著

苏州新闻出版集团
古吴轩出版社

图书在版编目（CIP）数据

反讨好心理学：不去讨好任何人 / 申平平著.
苏州：古吴轩出版社，2024. 11. -- ISBN 978-7-5546
-2490-6

Ⅰ. B848-49

中国国家版本馆CIP数据核字第20245CP875号

责任编辑：任佳佳
策　　划：杨莹莹
装帧设计：刘孟云

书　　名：**反讨好心理学：不去讨好任何人**
著　　者：申平平
出版发行：苏州新闻出版集团
　　　　　古吴轩出版社
　　　　　地址：苏州市八达街118号苏州新闻大厦30F
　　　　　电话：0512-65233679　　　邮编：215123
出 版 人：王乐飞
印　　刷：鸿博睿特（天津）印刷科技有限公司
开　　本：670mm×950mm　　1/16
印　　张：11
字　　数：136千字
版　　次：2024年11月第1版
印　　次：2024年11月第1次印刷
书　　号：ISBN 978-7-5546-2490-6
定　　价：49.80元

如有印装质量问题，请与印刷厂联系。13804573284

你认为自己是一个好人吗？

我想应该没有人会说"不"。

我们从小就被教导待人要友好，要善良，看到别人需要帮助要主动地施以援手。可以说"与人为善"一词，一直以来都深深烙印在我们心里。

那么，你会因此而认为自己是一个老好人吗？

为什么仅仅一个字的差距，好人和老好人给人的感受却完全不一样？

这两个词仅一字之差，意义却是完全不同的。

好人会经常帮助他人，但是他们明是非、有底线，不会为了讨好他人或换取表面的好感而违背自己的原则，甚至伤害到自己。

老好人却不一样，他们通常为了不得罪他人而让自己很难受，为了取悦他人而牺牲自己的利益。

我们经常会看到这样一些老好人。他们常常面带微笑，说话温柔，好相处。他们大多数很善良，别人有事请他们帮忙，他们立刻就会答应。他们大多数很随和，跟谁都处得来，但别人又觉得好像走不进他们心里。他们还像一个无私的"树洞"，认真倾听每一个人的情绪，不论好坏。他们尽管很想拒绝他人的请求，但就是没办法拒绝。

我们多数人在人际交往中，都倾向于展现善良与随和的一面，毕竟，谁也不愿给人留下难以亲近或不易相处的印象。因此，在与人交往的过程中，我们难免会做出某些妥协，以维系关系的和谐与融洽。

这样的做法本身并无不妥，适度的退让是维系良好关系所必需的。然而，当这种退让超越了个人原则的界限，就可能让人不自觉地形成讨好型人格，其中界限的把握显得尤为重要。

"讨好型人格"是心理学名词，它又被称为"迎合型人格"，英文是 compliant personality，它是指一味讨好他人而忽视自己感受的人格。

人格，是我们每个人内在稳定和独特的心理特征与特质的集合，它是由遗传和环境共同塑造而成的。一般而言，人格确实具有一定的遗传倾向，但更多地，它受到社会和个体所处环境条件的影响，特别是童年时期的经历和环境条件，对人格的形成起着至关重要的作用。

心理学家维琴尼亚·萨提亚认为："讨好他人的人有取悦他人的情感需求，通常会牺牲自己的需求或欲望。他们往往会觉得如果不讨好别人，自己就没有任何价值。"

我们每个人或多或少都有点儿讨好型人格，比如我以前也爱讨好他人。

我从小就很会照顾别人的情绪，是长辈眼里讨人喜欢的孩子。上小学时，有个同学向我借橡皮，那是我最喜欢的一块橡皮，上面印着一只粉色兔子，我真的不愿意借给她，但我还是借给她了。因为我害怕如果我不把橡皮借给她，她就不喜欢我，不跟我做朋友了。

中学时代，我的人缘很好，几乎每个同学都喜欢我。记得有个小伙伴曾由衷地对我说："你真是太好了！"那时的我非常享受这种被众人喜爱的感觉。

成年后，我发现自己在工作、社交中依然享受被人喜欢的感觉，总是开不了口说"不"。甚至是在我自己的工作尚未完成，同事仍希望我帮他做事的时候，我依旧很难开口拒绝。

讨好他人的行为，让我就像戴着假面具生活一样，为了他人的喜爱而妥协，真实的自己却被潜藏。

讨好的行为模式往往不经意间给生活带来了困难和痛苦，而令人遗憾的是，许多讨好者本身并未清醒地意识到这一点——自己正不自觉地过度迎合和讨好他人。

"我明明对别人那么好，为什么却换不来别人的回报？难道是我做得还不够多？"

"我真的很害怕拒绝别人，我害怕拒绝了别人，别人就不再喜欢我了。"

"我从来不敢表达内心真实的想法和需求，别人说什么我都同意，甚至奉承别人，就好像我是相声表演中的捧哏演员，但其实我内心并不喜欢这样做。"

"我真的好容易被别人影响，别人一个眼神或者一句话都会令我浮想联翩——他们是不是在说我？难道我又做错了什么吗？"

"我真的害怕跟别人起冲突，我不知道怎么面对。"

…………

每一个讨好者的真实痛苦，都应该被看见、被疗愈。

人们普遍认为讨好型人格是不好的、负面的，是一种性格缺陷。

知名心理学家雪莉·帕戈托博士指出：讨好型人格所做出的讨好行为是潜在的不健康的行为模式，而不是人格障碍所导致的。

既然是行为模式，那么就可以被改变。

本书内容会谈及讨好型人格形成的原因和表现，以及环境对讨好者所产生的影响；鼓励每个人内观、自察，尝试转化讨好行为。

山本文绪曾说："我的和蔼可亲、彬彬有礼，并不是为别人着想，而是守护自己的盔甲。"

你不可能让所有人喜欢你，满足所有人的要求。

我希望善良、温柔的你，能学会拒绝，学会表达自己的真实想法。

下一次，当别人再向你提出无理的要求时，你要果断地说"不"。

如果必须取悦，那么请先取悦自己。

第一章

自我认知：

你是讨好型人格吗

讨好从哪里来

谈及讨好，你是否感受到一种既熟悉又略带陌生的复杂情绪？

熟悉之处在于，"讨好"二字近年来频繁出现在各类文章、短视频及访谈之中，成了人们热议的话题焦点。

而陌生之处则深藏于其本质与根源——我们不禁追问：讨好究竟为何物？它的起源在何方？是什么力量驱动着讨好行为的出现？更重要的是，自己是否也在不经意间成了讨好者？

要了解讨好行为的最初起源，请跟我穿越时空，去往茹毛饮血的原始人时代。

在原始社会，一个孤独的人是很难在野外存活的，因此大家抱团取暖，从而狩猎、保护火种、吓跑野兽。为了获得群体的庇护和支持，个人往往要表现出顺从和友好，这种行为在心理学中被称为"讨好"。

在蛮荒的原始时代，我们认可他人，也需要他人认可自己。

不妨想象一下：假如你生活在原始社会，会度过怎样的一天？

随着清晨的第一缕阳光照射在丛林里，你开始了一天的狩猎生活。你和你的伙伴们穿着兽皮，手持石矛、石刃，一群人专注地追寻着猎物的踪迹。

在茂密的森林中，一头鹿出现在前方不远处。你蹑手蹑脚地靠近，等待最佳的狩猎时机。

你小心翼翼地调整呼吸，静待鹿沉浸于吃草之际。你迅速举起手中石矛，瞄准目标，奋力甩出，石矛如离弦之箭般飞去，命中了鹿的要害，鹿哀鸣着倒下。

人群欢呼着，为你喝彩，你感受到心头有一股暖流，那或许是被现代人称为自豪的感受。

你们将鹿带回部落，在燃起的篝火旁，美美地享用今天的猎物，也用你和你的伙伴们能够理解的语言和行动，赞美、认可参加狩猎的每一个人。

我又会想到，假如我生在靠狩猎为生的原始时代，既没有你那样优秀的投掷巧力，又没有强健的肌肉，也跑不了多快，我该怎么让大家接受我？

我可能会围在狩猎队的外缘，为投掷的你呐喊助威；当人们把猎物带回山洞时，我可能会主动地拿起顺手的石刃割开兽皮，把最好的肉献给你；我也可能会做一些力所能及的小事，让你和大家感受到我的存在和善意。

我在讨好大家吗？我想那时的我并不知道讨好是什么，我只知道这样做，大家会喜欢我，允许我继续跟大家生活在一起。

毕竟，我真的跑得太慢了，力气也不够大。讨好是实际的、简单的策略，能帮助个体成员获得群体的认可。从这个角度来说，讨好是一种本能，是一种最基本和最自然的行为。

尽管现代文明与原始文明之间的差异像天堑一样，但人类讨好行为的基本心理动因——对社会认同和接纳的需求，仍然像大树的根一样，深深地扎在心灵沃土上。

我们知道讨好在某种程度上对维持关系有帮助，但过度讨好可能导致我们忽略了自己的需求和感受。如果不加以重视，很可能演变为心理疾病或者人格障碍。

讨好型人格是怎么形成的？

关于讨好型人格到底是怎么形成的，有很多说法。

讨好型人格的形成，往往可以追溯到童年时期对父母的讨好行为。在很小的时候，若未能得到父母无条件的爱与接纳，孩子们可能会认为，唯有满足父母的需求与期待，才能获得他们的关注与赞美，进而感受到被爱的感觉。

此外，个人经历也是形成讨好型人格的一个重要因素。比如，曾经历过被欺凌、被背叛或被拒绝等负面事件的人，可能会为了避免再次受到伤害，而倾向于通过讨好他人来寻求安全感和归属感。同时，对成功有着强烈渴望，或是对他人评价过度在意的人，也可能出现讨好行为。

还有一个不可忽视的因素是社会和文化的影响。不同的社会和文化背景对讨好行为的容忍度和鼓励程度存在显著差异。在某些文化中，讨好者表现出的体贴和察言观色可能被视为一种社交技巧，而在其他文化中则可能被视为软弱或缺乏自信的表现。

我认识一个女孩，她从小学习钢琴，小学时每个周末都要花一天时间在琴房练习。但她根本不喜欢钢琴，只是因为她的妈妈喜欢。为了不让妈妈伤心，也为了讨好妈妈，她一直忍受着被迫练琴的痛苦。

这世上，有多少人为了讨好他人，为了成为人们眼中的成功者，而把自己遗忘了呢？

心理学家阿德勒认为，"一切烦恼皆源于人际关系"。

看不见的讨好行为

在本书酝酿之初，我跟朋友们就讨好型人格这一议题进行了交流和探讨。一位伙伴表达了她的观点，她认为生活中鲜见纯粹的讨好型人格。而另一位朋友则持截然不同的观点，她主张从多维的社会视角来剖析这一现象，比如：出于利益的驱使，某个职业会讨好另一个职业；出于生存的目的，某个族群会去讨好另一个族群。小到人际关系，大到国际关系，各种微妙而复杂的互动，都不乏讨好的影子。

我深感其言之有理。事实上，讨好现象在生活中无处不在，但令人遗憾的是，总有一些人对这些讨好行为选择了视而不见，或是习以为常，忽略了它们的存在。因此，不少身陷讨好型人格困境的朋友，对自身行为中的讨好倾向浑然不觉。他们就如同行走在茫茫雪原之上，眼中只有前方无尽的洁白，却未曾留意到积雪之下，那坚韧不拔、默默生长的草根。这些草根，虽不为肉眼所见，但其存在却是毋庸置疑的。这一比喻，恰如其分地揭示了讨好型人格者内心深处不易察觉的真相。

也许，你尚不知道自己有没有讨好型人格；也许，你敏锐、聪慧，对自己的讨好行为已经有所察觉。

不管你是哪一类伙伴，当你读到这里，我想恭喜你，你已经触到了看见讨好的"开关"。

你意识到自己可能有或者已经有讨好型人格的某些习惯，你要知道这份意识非常宝贵。

讨好，就像一个开关，它带着原始的印记，控制着我们与世界的互动。有时，它能带给我们一些人的接纳；有时，它却让我们作茧自缚，把真实的需求藏在了最深处。

你可以选择开启它，也可以选择关闭它。

然而，若长期将讨好的开关置于开启状态，心灵的能量源泉，那原本电量充沛的电池，终将在无休止的消耗中逐渐枯竭。因此，要学会适时地调整与平衡，让心灵得以呼吸，让真实的自我得以绽放。

讨好者的八种表现

李悦是个典型的讨好者，但她对此却一无所知。

李悦有一颗善良的心，总是乐于助人，对每个人都笑脸相迎。她的工作是客户服务，她每天都尽全力确保客户满意，哪怕是一些过分的要求，她也总是耐心地完成。

在工作中，李悦总是加班到最晚的人，她觉得自己多做一点儿，就能赢得更多同事的赞许和领导的认可，即使有时候她感到很累。

在朋友面前，李悦总是最善解人意的人。她会在微信朋友圈回复朋友的每一条动态，总是主动帮助朋友们解决问题。她害怕拒绝别人，担心自己的拒绝会伤害别人，或者是失去朋友。

同事和朋友都说她是老好人。

然而，李悦的内心并非如她表面那样无忧无虑。她常常感到疲惫，因为她总觉得自己做得还不够好，总想让每个人都开心。

一天，她的好朋友小敏对她说："小悦，讲真的，有时候跟你在一起，我压力挺大的。"

李悦问："啊？怎么会？我觉得我还是挺好相处的呀。"

"你人是挺好的，但有时候也不要太讨好别人呀。"小敏直言不讳。

李悦震惊了。她从来没有想过自己在讨好别人。

李悦忙着为他人考虑，却没时间自我反思。

"认识你自己"（Know thyself）是古希腊哲学的核心命题之一，最早可以追溯到德尔菲神庙的铭文。

讨好者，最需要的是认识自己。

下面这八种讨好行为的表现，你是否有呢？

你过度为他人着想

在朋友需要帮助时，你会毫不犹豫地伸出援手；在家庭中，你可能会放弃个人的兴趣或职业发展，只为了照顾家人；在工作中，面对同事的请求，你能帮就帮，即使自己手头的工作积压了很多，你也先想着同事的需求。

你就像一块砖，哪里需要就往哪里搬。

强烈的同情心和强大的共情能力，让你能敏锐地察觉到他人的需要，因此，大家都很喜欢你的体贴。

你同意其他人的意见

部门聚餐，当菜单到你手里时，你总是说"你们点吧""我都行"；领导开会，同事提了一个点子，尽管你不太同意，但你还是迎合地说"不错不错，挺好的"；轮到你发言时，你感觉自己底气不足，紧张、脸红，常常使用"也许""可能"之类的模糊语言，以降低自己的观点被反驳的可能性。

回想一下：上一次他人向你征询意见之时，你是否秉持着真诚之心，坦诚地表达了自己的看法，即便预见对方可能不会欣然接受，甚至这可能会与多数人的立场相左？你是否善于倾听周围人的意见，把自己的想法藏在心里，不管你是否同意他们的观点？

你发现自己很难说"不"

你总是接受不属于你的额外任务，即使手头上工作都快忙不过来了；"行！""没问题！""放心吧！"，你经常承诺超出自己能力范围的事儿，希望得到别人的认可；考虑拒绝别人时，你可能会产生强烈的内疚感或者焦虑感，担心拒绝会伤害对方或破坏双方关系；拒绝的时候，你会想很多的理由，以便向别人证明自己的拒绝是合理的，避免给对方留下不好的印象。

你经常过度道歉

"不好意思！""对不起。"有没有人告诉过你，你说"对不起"太多了？你是否经常为一些并非你的过错的事情，或者你没办法控制的事情道歉？

你对冲突感到不舒服

你几乎不会主动挑起冲突，甚至害怕冲突。当有冲突发生，大多数时候你只是屈服和道歉，因为你不知道该怎么处理冲突。

事实上，你时常用尽全力去避免冲突。

你缺乏主见

做决定的时候，你往往有些犹豫不决，没有办法果断抉择，做决定常需要别人推一把，常因为瞻前顾后而错失机会；你很容易被他人的意见左右；一有事就总是找身边的人商量。

每次都在纠结、犹豫，每次都会害怕做出让自己后悔的选择。

你总是寻求外界的认可

把他人看得很重要，把他人的意见也看得很重要。

别人说你不好，你就不开心；别人说你好，你就很满足。

你是否渴望得到别人的认同、赞美、感谢？

你是否总想得到别人的关注和关心？

你缺少界限和原则

你常把别人的事当成自己的事，恨不得替他人把事给办了，热心肠是你的标签。有时候你会过度分享个人信息，比如个人隐私，感情生活等；有时候也会过度依赖伴侣或者朋友。

当别人在你的生活里指手画脚时，你没有或者很少感觉到自己的界限受到侵犯。

深入探索讨好型人格的两面性

在心理学的视角下，只要进行适当的引导，讨好型人格也能转化为一种优势。

例如，讨好者具备的同情心与卓越的倾听能力，使得他们在社交场合中能够轻松自如地"破冰"。再者，他们拥有一流的观察力，对周遭环境保持高度的接纳与适应，这种特质往往能在紧张的氛围中起到缓和作用。尤为值得一提的是，他们拥有强烈的同理心，能够真正地站在他人的角度思考问题。这种设身处地的关怀，不仅让他们在生活中备受欢迎，也会自然而然地吸引众多朋友。

作为一个曾经的重度讨好者，在我无知无觉的时候，我觉得世间的万事万物都无比可爱。

我看花是红的，草是绿的，水是清的，人是好的。

我因讨好他人吃过亏，也因讨好的脾性获得了友情。

后来我知道我是一个讨好者，我还是觉得世间的万物都无比可爱。

我看花还是红的，草还是绿的，水依旧清澈，人还是好人多呢。

我接纳了我讨好者的身份。这有什么不能接纳的呢？

请注意，接纳不代表接受。

接纳是主动的，具有包容性的；接受则是比较被动的。

接纳不代表我要继续讨好的行为模式。相反，接纳意味着自己建立了觉察，继而在行动中逐步调整、改变。

现在，我看见了讨好，它也看见了我。

我把它当作一种善良的表达方式，让它成为生活中的调和剂。

它帮我了解我自己，了解真实的世界。

我认为，它是弱点，亦是宝藏。我们应从事物的两面性来深入剖析，以便更全面、更深刻地理解自己身上的讨好型人格特质。

拒绝讨好型人格标签化

贴标签这一行为，初衷在于为事物提供清晰的分类，然而，一旦贴标签的对象转为人，它便在不经意间沾染了讽刺的色彩，诸如"扶弟魔""白莲花"等标签，便是这一现象的典型例证。近年来，标签化现象泛滥。

在社交媒体的推波助澜下，许多原本平凡无奇，甚至积极向上的行为或特质，被过度解读、放大，进而被简单粗暴地归类为某种"倾向"或"问题"。这种趋势不仅扭曲了事实的本来面目，更在无形中加剧了人们的心理负担，使得每个人都生活在"被贴标签"的恐惧之中，生怕一不小心就被扣上不好的帽子。

具体到个人，如果被贴上"讨好型人格"的标签，无疑会产生沉重的心理负担。

其实我们每个人或多或少都有讨好别人的心理，尤其是人们罗列出讨好者的一些特征和表现时，你会思忖：咦，这条说的不就是我吗？

有一个真人秀节目，展示过一个讨好型人格观众的来信。

我是一名老师，有严重的讨好型人格，我真的很不喜欢我这样的性格。

我很小的时候，很喜欢向妈妈撒娇，结果总是被她狠狠地骂回去，为了得到母亲的表扬和肯定，我做着一切令她欢喜的事情。哪怕有些事，我并不喜欢做。

长大之后，我变成了一个无法拒绝他人任何要求的人，其实是因为我很害怕别人讨厌我，我想让所有人都喜欢我，总是不自觉地迎合别人的喜好。工作以后，同事们都说我是老好人，谁家里有事请假，就找我去代课。学生们都不怕我，他们甚至都不怎么尊重我。

今年跨年，我自己掏钱给班上孩子们每人准备了一份礼物，可是他们还是不做我教的科目的作业。我想要狠狠地教训他们，在讲台上自己脸涨得通红，也说不出一句骂他们的话，只能自己去外面抹一抹眼泪，回来继续上课。这些事真的给我很大的挫败感，我总会反思是不是自己哪里做得不对，到底哪里还要做得更好一些。我知道很多事，只需要说一个"不"字，就可以解决，但我就是做不到。

节目主持人分享了观点："讨好型人格，从来都不是一个贬义词。什么叫讨好？其实不是讨好，而是尽量去以别人的视角为视角。我觉得这是一种非常高尚的，或者说是奉献型的人格。"

讨好型人格和奉献型人格存在一种复杂的交织：都会关心和照顾他人。尽管两者存在着本质的区别：讨好者渴望他人的认可，奉献者内心无私利他。

讨好型人格常常被看作一种弱点，因为它似乎表现得过分迎合他人，而忽视了自己的需求和欲望。

讨人喜欢，是一件自私的事

这是一家温馨的意大利餐厅，王洋和溪茜正坐在一张靠窗的桌子旁，准备享受他们的晚餐。

窗外的夕照洒在他们两人的脸上，营造出一种浪漫的氛围。然而，这对情侣之间的气氛却似乎有些紧张。

服务员走过来，问道："请问两位想点些什么？"

王洋看了看菜单，然后转头对溪茜说："亲爱的，你想吃什么？"

溪茜瞥了一眼菜单："你想吃什么？"

王洋："随便，我都行。"

溪茜："我觉得蒜蓉牛排不错，不过新品炭烤生蚝看上去也可以。我先看看，要不你先点些你爱吃的菜吧。"

王洋："服务员，来一份牛排和炭烤生蚝。"

溪茜有点生气的样子："别呀，先别点，我还没想好到底吃什么呢。"

王洋尴尬地说："哦，那好吧。那你想吃什么？要不要点一份你最爱吃的比萨？"

溪茜脸色有点儿变了："你就没有爱吃的吗？为什么每次都迁就我？难道你就不能说你要吃这个，爱吃那个吗？"

王洋有些内疚又略带不满："不好意思啊，我这不是在征求你的意见嘛！"

溪茜叹了口气，放下了手中的菜单。

亲密关系里的讨好者大多数时候都体贴、大方、得体和谦逊。在交往初期，你跟他们相处会觉得他们真不错，既可靠，又懂得为你着想。

随着交往时间越来越长，你们相约去看电影，他让你选片，他都行；周末出去游玩，他让你找目的地，他随意。

也许，你会认识一个特别喜欢请客的朋友或同事，几乎每次结账时他都会高喊一句："我请客！"

讨好真的能讨人欢心吗？

其实，讨好并不能真的讨人欢心，甚至是一种自私的行为。

讨好会耗尽你的时间和精力

讨好会让你把大部分的时间和精力花在改善别人对你的看法上。为了获得好的评价，你的大脑不断思考，寻找策略来应对，你会经常感觉到疲惫和烦躁。

而这份疲惫和烦躁在长久的积累下会令你产生怨恨，并且会不知不觉地传递给他人。

是时候把你的精力用在自己身上了，你值得对自己更好！

讨好只是让自己感觉更好

当你试图取悦他人时，你的脑海里想的是什么呢？

你试图像变色龙一样讨好所有人，是真的出于想帮助别人的愿望吗？还是为了让自己感觉更好？

你之所以没有办法停止讨好他人，可能是因为你在讨好中获得了某种好处，比如让别人喜欢你、认可你，让双方的关系更好。

讨好会让你获得假认可

也许，当你伸出援手时，内心洋溢着积极向上的力量。也许，你内心有一种空虚感，好像有一个洞，让你觉得自己不太合群。也许，当你说一些别人容易接受的观点时，你会有一种被接纳和被认可的感觉。

当你说别人容易接受的观点时，你的大脑被别人占据了。

这是一种虚假认可，具有一定的负向投射性认同[①]的特点。

"虚假"一词，其本质含义指向伪装、表面化及非真实性，当它被应用于"认可"这一概念时，便衍生出一种伪装的、非真诚的接纳态度，即虚假的认同。

认可，这一行为蕴含了双重面向：自我认可与他人认可。自我认可，是个人对自我价值与能力的肯定，它构筑了自信的基石；而对他人的认可，则是一种基于尊重与理解的信任表达，能够促进人际的和谐与信任感的建立。

然而，虚假的认可如同镜花水月，虽看似美好却缺乏真实根基。这种认可不仅难以持久，因为它缺乏真诚与深度的共鸣，更无法构建起坚实的信任桥梁。相反，它可能滋生误解与隔阂，甚至在某些情况下，对个体或集体造成损害，因为建立在虚假认可之上的关系往往脆弱不堪，难以抵御风雨的考验。

某博主经常在社交平台分享自己的生活，因美貌而收获了大量粉丝。偶然的一次活动合照，粉丝发现真实的她并没有其以往展示的照片上那么漂亮，账号的评论区被各种冷嘲热讽占据。她很清楚，经过美颜后的不是真实的自己，但是她很在意别人的评价，而且每次修图都是一种自我暗示，都是给自己施加虚假认可，随着时间的流逝，她不再能接受真实的自己。

---

① 负向投射性认同是指一个人把自己的负面情绪和思想投射到他人身上，从而达到自我安慰的目的。

与之相对的是，喜欢她的粉丝感觉到被欺骗，也不再喜欢她，转而攻击、嘲讽她。这让她更受挫折，心情愈发低落，逐渐发展成抑郁症。

你剥夺了别人的个人能动性

正如王洋总是不自觉地讨好溪茜那样，尽管你的出发点是出于善意，但大多数人更倾向于周围的人能够自由地做自己，享受他们选择的道路，而非被期望或强迫去符合他人的期望。他们珍视个人的自主性和对自我感受及行为的掌控权，不希望这种自由被他人过多地干涉或承担不必要的责任。

《被讨厌的勇气》一书中有一段青年与哲人的思辨对话。哲人认为，拼命寻求认可，反而是以自我为中心。"他人如何关注自己、如何评价自己？又在多大程度上满足自己的欲求？"受这种认可欲求束缚的人看似在看着他人，但实际上眼里只有自己。失去了对他人的关心而只关心"我"，也就是以自我为中心。

总的来说，讨好让人生气，有时候讨好对方还带着些许不自觉的"微操纵"，会让对方感受到不被尊重。

别再担心别人怎么看你了，我们要允许自己不再讨好他人。

自尊，是一条比取悦他人更好的路。

被讨厌的勇气

很多年前，我所在的公司，新入职了一个男生。男生人高马大，长得也帅气。入职的第一天，当他发现办公室的水桶里没水时，他立刻主动跑去换。我当时心想：这个小伙子还不错，刚入职就很有眼力见儿。

后来，每一次办公室的水桶里没水，他总是第一个发现，然后换水。其实水桶的位置距离他的工位还挺远的。和同事相处时，他也是能帮忙就帮忙，他说特别希望所有人都喜欢他。

有一次聊天的时候，男生说他是家里的老大，下面有两个弟弟。从记事起，他就帮父母带两个弟弟。父母比较偏心他的三弟，也常常跟他说："做大哥的，凡事要让着两个弟弟。"

他的二弟大学毕业后到他所在的城市发展，他自己都快没钱交房租了，还给弟弟买各种生活用品，宁可自己吃泡面，也要把钱留给二弟，让二弟吃好点儿。

现在回过头来想这些，我可以确定，他是一个讨好者。

而且他大概率是对此无知无觉的。

接纳有人不喜欢我

在《被讨厌的勇气》中，青年问哲人：什么是自由？

哲人答：自由就是被别人讨厌。

接纳不被喜欢，是一种成熟的表现。我们每个人内心深处都渴望被他人喜爱，并尽力避免成为他人的负担。然而，你必须认识到，在这个世界上，你永远无法满足所有人的期待。试想，即便是拥有超能力的超人，致力于为大众服务，也总会遇到对他不满的人，甚至被人视为眼中钉。

当你意识到这一点时，你就能更加坦然地面对他人的不喜欢。你不用过分在意他人的看法，也不必为了迎合他人而改变自己。

不被人喜欢是好事

曾子曰："吾日三省吾身。"

不被人喜欢从另一种角度来讲，也是照见自己的一面镜子。

当你发现有人不喜欢你时，可以借这面镜子反观自己的行为和言语，看看有没有要改进的地方。

从小到大，我的语速都比较快，说起话来就像开机关枪一样。

在一次会议上，有位同事吐槽我："听你说话好费劲，根本听不清。"我当时立刻觉得受到了冒犯，我反驳道："我一直就是这样说话的啊，我从小说话就快。"

冷静下来后，我仔细想了想，人家说的是事实。

我们通过别人的反馈，可以更深入地了解自己，进而积极地改善自己的行为。

因此，不被人喜欢也是好事，不是吗？

不在意是否被人喜欢的人生更广阔

当你不在意别人的看法时，你会拥有更广阔的人生。

如果把被人喜欢比喻成一个潮水坑，那不被喜欢，就是潮水坑旁边的海洋。

因为接纳不被喜欢，是一种内心的解脱，所以你能更加自由、自如地与别人交往。

你要明白，真心喜欢你的人，无论你怎样他们都会喜欢；而那些不喜欢你的人，无论你怎么努力，他们也不会改变对你的看法。与其花费精力去讨好别人，不如将这些能量用来让自己快乐。追求别人的欢心固然重要，但更重要的是要懂得如何让自己感到幸福。

真正地爱自己，才是对生活最深的热爱啊！

总之，你堂堂正正地生活，踏踏实实地做事，心怀善意地做人，把精力和爱意给自己，给喜欢你的、能够与你同频的人，就够了。

毕竟，人生所有事，总结起来也就两句话，"关我何事"和"关你何事"。

抱抱内心的小孩

《小王子》里有这样一句话：所有的大人最初都是孩子，但是这很少有人记得。

小然是个乖巧的女孩。她从小就感觉，爸妈的目光似乎总是围绕着弟弟。

小时候，家里的玩具和零食总是先分给弟弟。每当小然对此提出疑问时，爸妈总是用"你是姐姐，要让着弟弟"这样的理由来搪塞她。

她理解自己作为姐姐，就应该有姐姐的样子，但她内心深处还是渴望父母多关注和关心她。

小学时，小然的成绩不是很好。爸爸总是对小然说："你怎么那么笨，脑子不开窍的？"她犯错的时候，妈妈会嘀咕："你是不是傻啊？长点心吧！"

到了中学，小然的成绩有了很大提高。但是班主任的要求很高，好几次小然因为题目没有做对，在课堂上被当众批评。

小然觉得自己特别笨，自卑像藤条一样紧紧缠绕着她。即使后来她凭借着自己的努力，在事业上取得了很高的成就，还为自己买了房和车，她还是觉得自己笨，配不上任何好东西。

小然还特别畏惧权威，每当面试或作汇报时都会紧张得手心出汗。遇到领导迎面走来，她像老鼠见了猫，慌得不行，下意识地想躲着走。

什么是内在小孩？

假设你现在是一个五岁的小孩，你正独自在客厅玩积木。

突然，家里的大门被推开了，你望着陌生人，一下子僵在了原地，像被冻住了。

紧接着，你开始寻找父母，如果得到他们的安慰和保护，你会感觉很安全、很舒服。

但是，遗憾的是，世界上没有完美的父母。

对小孩来说，不是每一次向父母寻求支持和帮助，都会获得完美的帮助。

小孩子是以自我为中心的，觉得世界围绕着他们转。一旦在他们身上发生了不好的事，比如指责、批评、诋毁、伤害等，他们的第一反应是"一定是我不好，我做错事了"。

　　如果身边的养育人比较糟糕，比如有精神疾病、性格缺陷等，受伤的小孩就会像小蚂蚁一样，把这些大的小的伤痛，统统搬到自己内心的仓库里。

　　请你和我一起，来翻一翻内心的仓库里有什么：

我有病	我不够好
羞耻	讨好
强迫	完美主义
控制欲	怀疑自我
自我批评	害怕亲密
不安全感	无界限
上瘾	恐惧
不专心	

　　哦，我的天哪！你是不是也吓了一跳，小小的仓库居然装得下这么多令人心碎的碎片。

　　瞧它们，有大的，有小的，还有碎末儿。别担心那些碎末儿，它们是好现象，表明这些受伤碎片已经瓦解，不再阻碍你个人成长。

　　如果你有时间，把这些碎片像拼拼图一样拼凑完整，你会看到一句话：从来没有真正因我是我本身而被爱。

看见我的内在小孩

我有一个朋友，非常的自律，是长相明艳大气的美女。

在一次疗愈沙龙中，我听到了她的分享：

我看见我的内在小孩了，她就坐在凳子上，微笑着看着我。

最开始我感觉我距离她非常遥远，后来我走到她身边，给了她一个拥抱。

那一瞬间，我的眼泪流了出来。但我感觉特别开心，好像所有的不愉快、所有的难过，都消失不见了。

是的，内心的小孩一直都在，谁让 Ta 是全世界最忠诚于你的仓库看守员呢？

Ta 一直在等着我们回去看看 Ta，给 Ta 一个微笑、一个拥抱。

美国模特、主持人肯达尔·詹娜分享过关于内在小孩的疗愈趣事：

"我的治疗师建议我，找一张小时候的照片，把它贴在浴室的镜子上。这样，每天早上和晚上，每当我走进浴室照镜子时，我都会看到她。然后，我就会回想起自己是否曾对自己过于苛刻。我开始与小时候的她对话。我翻遍了旧相册，终于翻到了一页，那上面有一张我从未见过的照片，照片中的我笑容有些不自然。我心想，就选这张照片了。

于是，我把它贴在了浴室的镜子上。我开始和她对话，我发现自己好像从未那么积极地对待过自己。我总是注视着她，她看起来很有吸引力。我告诉她，她太棒了，我爱她。"

内在小孩不分年龄

"每个成年人心里，都住着一个孩子。"

人的内在小孩不会随着年龄的增长而消失，即使到了七八十岁，这个小孩依然存在于内心深处。

在一次沙龙中，一位六十多岁的婆婆给我留下了深刻的印象。大家知道心理咨询在国内的发展还比较"年轻"，大多数寻求心理帮助的是青少年，很少见到老年人主动寻求心理帮助。

这位六十多岁的婆婆精神很好，也很积极。她之所以来到沙龙是因为母亲。她成长的年代，兄弟姊妹比较多，母亲习惯了打骂她们。这么多年过去了，她母亲早已去世，她仍然没有从恐惧中走出来。

在讲述的过程中，老婆婆哭得非常伤心，那一瞬间我觉得我看到的不是一位老人，而是一个伤心的小孩。

你可以像肯达尔·詹娜那样通过自我回溯来慢慢治愈，也可以做以下尝试：

想象一下你回到了令人难过的时刻，你跟幼小无助的你对话。告诉Ta：你的感受是正常的、合理的。许多年后，你会变得勇敢、坚强且独立。如果任何人伤害了你，我绝不会让你默默承受，我不会评判你，也不会嘲笑你，我会站在你的身边，保护你、支持你。

这样的练习可以帮助你逐渐减少儿时的伤害，只要你不断地去尝试和实践。

"内在小孩是一切光之上的光，是治愈的引领者。"

是时候抱抱你内在的小孩了，让 Ta 陪伴你淡化那些曾经的伤痛，大踏步地勇敢向前走。

　　所以，你今天照顾自己了吗？你今天爱自己了吗？

第二章

从现在开始，
改变习惯讨好的心态

积极向上，做一个乐观主义者

你听说过皮格马利翁效应吗？

塞浦路斯是位于地中海东端的一个小岛国，也是希腊神话中的美神阿佛洛狄忒（罗马神话中的维纳斯）的故乡。皮格马利翁是这个岛国的国王，也是一位出色的雕塑家，他雕刻的雕像总是看上去像有生命、会呼吸一样。

皮格马利翁不爱女人，他认为，时间应该献给艺术，而不是女人。

一天晚上，美神阿佛洛狄忒出现在他床前，对他说："听着，皮格马利翁，你不爱女人，就是对我的侮辱。岛上有那么多年轻漂亮的姑娘，你一定要选一个做妻子。如果你不选，我就给你选一个！"

可怜的皮格马利翁不敢违抗神的旨意，随后他想到了一个妙计。

"哦，女神，求你了，"他恳求道，"在我结婚之前，我必须创作出我最伟大的作品。让我创作一尊和你一样美丽的雕像。"

人类总是架不住恭维，美神也一样。

阿佛洛狄忒同意了皮格马利翁的请求。

第二天早上，皮格马利翁来到港口，找到一位商人，请他从非洲订购最好的象牙。几个月后，象牙运到了塞浦路斯，随后他开始构思和制作雕像。

他尝试了各种姿态，但总是不满意。一年过去了，皮格马利翁终于创作了一尊真人大小的、栩栩如生的雕像。

这尊雕像毫无瑕疵，比任何真正的女孩都更加美丽。

你可以想象微风吹拂她柔软的头发，她似乎正要动起来——但实际上她只是一尊一动不动的雕塑。

皮格马利翁沉醉了，他思绪翻滚：她真的只是雕像吗？不是真人吗？

他给她取了一个名字——伽拉忒亚。

皮格马利翁爱上了伽拉忒亚。

"无所不能的女神，请求您让伽拉忒亚复活吧！"皮格马利翁向阿佛洛狄忒祈求。女神满足了他的愿望，施法让伽拉忒亚获得了生命。

皮格马利翁与伽拉忒亚结婚了，他们生活得很幸福。

简而言之，皮格马利翁效应就是如果给到足够的心理暗示和积极鼓励，假的也可能成真，也就是我们常说的"心想事成"。

与皮格马利翁效应故事相对的有著名的罗森塔尔效应。

罗森塔尔是美国哈佛大学的心理学教授，他尝试用实验来验证现实生活里是否会出现皮格马利翁效应。

1968年的一天，罗森塔尔和好友雅各布教授来到一所小学。

他们从一年级到六年级的每个年级中，各选了三个班，然后告诉这十八个班的学生，他们将参与一项叫作"学生未来发展趋势"的测验。

其实，这个测验是一场精心设计的"骗局"，学生们填写完成的试卷他俩看都没有看，测试成绩也是两位教授随机编造出来的。

测试结束后，罗森塔尔和雅各布向每个班的老师发了一份学生名单，告诉他们，根据测试的结果，把班上"最有发展潜力"的学生列出来了。

老师们一看名单，有些孩子成绩确实很优秀，有些孩子却表现平平，甚至名单里还有平时学习成绩比较差的学生。

老师们无比惊讶：怎么名单上的人选跟他们认为的人选差别这么大？

罗森塔尔叮嘱老师们不要把这份名单外传，否则会影响实验结果的准确性。

显然，这份名单的选取显得相当随意，罗森塔尔并未事先了解这些孩子的具体情况，更未经过严格筛选以确定他们是否真正具备"最有发展潜力"的特质。

罗森塔尔撒了个谎言。

八个月后，罗森塔尔和雅各布又来到这所学校，惊奇地发现，凡是被列入名单的学生，考试成绩都有了显著提高，而且性格也变得更外向、更自信了。

罗森塔尔觉得很吃惊。他认为可能是他的"谎言"对老师产生了暗示，影响了老师对名单上学生的评价。

老师们相信名单上的孩子未来将会发展不凡，孩子们也会强烈地感受到老师对自己的喜爱和积极的期望，进而变得更自尊、自信、自强，从而在各方面都有了进步。

后来这个现象被称为"期望效应"，也叫"罗森塔尔效应"。

诚然，以现在的眼光来看，这个实验存在伦理问题，对不在名单上的孩子们来说，这份名单显然是不公平的。

积极循环和消极循环

有一回，我去 798 创意工厂游玩，进入一个比较前卫的展览区。整个展览充满了后现代和未来交叠的奇幻氛围，有很多作品展现出了非常特别的创意。

我看到一个叫作《循环》的创意作品。

它的整体是一个透明的软管，类似于自来水管。软管被钢丝绳吊着，呈现上下倒置、类似数字"8"的形状，水在管子中汩汩地循环流动，软管壁上绿色的藻类在水流的冲击下微微晃动。

我看到这个作品后，一开始不太理解作者想表达什么，后来看到作品简介，才了解作者主要想表达环保的概念。

软管模拟原始的大自然，水孕育了藻类，藻类又赋予了水营养，水继续孕育更多更智慧的生命，产生了积极循环。

如此往复，不休不止。

那再说回心理学中的循环，当我们关注消极的事情时，就会产生一种消极循环，心情会像沉船一样，往下沉沦；如果开启积极的循环，心情就会如同股票上涨的曲线一般，持续攀升，进入积极循环。

罗森塔尔的实验告诉我们：灌输了什么样的信念，就会产生什么样的结果。

你积极地看待生活中的人、事、物，你的大脑就会不自觉地留意并强化这个预期的正面信息。

这些积极的信息又促使你更坚定地完成计划，形成积极循环。

值得注意的是，如果我们持续关注消极的事情，则有可能变成一个消极的人。

积极心理学近几年走进大众的视野，它的创始人之一是美国著名心理学家、美国心理学会"终身成就奖"获得者马丁·塞利格曼。

在成为积极心理学的创始人之前，马丁一直在研究消极心理学。

大部分的心理学研究关注焦虑、恐惧、担忧、抑郁等状态，而对人的幸福、积极、快乐的心理研究得非常少。

为什么一位以研究人类负面心理出名的学者，会转而研究积极心理学呢？马丁在他的自传中写了这样一段关于他和女儿妮基的对话。

"妮基·塞利格曼！"我不耐烦地咆哮着。

当时，家里正忙着除草，可妮基玩得正欢，她不停地跳着、唱着，还把杂草抛向空中。听见我的怒吼，妮基又惊又怕，连忙转身离开。

过了一会儿，她又慢慢地走了过来。

"爸爸，我可以跟你说会儿话吗？"妮基说。

我点了点头。

"你有没有发现，从五岁的生日开始，我就一次都没有哭过了？"

我再次点了点头。

"在我生日那天，我下定了决心，以后再也不要哭哭啼啼的了。后来我做到了，这对我来说是很难的事。所以，如果我可以做到不哭，你肯定也能做到不发脾气。"

女儿的一番话让马丁感到震撼。

多年以来，马丁一直在研究动物的无助和人类的抑郁。

五岁的妮基注意到，他变得阴郁、不耐烦和挑剔。

马丁开始反思，也许积极心理学可以减少对心理疾病的关注，减少对传统心理治疗的依赖，转而更加信任并激发人类积极心理的力量，引导人们朝着更加自在与积极的方向前行，并给予他们鼓励与支持。

他写道："积极心理学召唤着我，我就像燃烧的灌木召唤摩西一样。"

从此，他怀揣着激情，奔波于世界各地，致力于介绍和推广积极心理学。

积极心理学不是一门凭空而来的科学，它其实有学术的渊源，最直接的渊源来自人本主义心理学。

大师们的积极心态

你应该还听说过人本主义心理学家马斯洛的需求层次理论。

他把人类的需求像阶梯一样分成不同层次，这五种层次从低到高依次为：生理需求、安全需求、社交需求、尊重需求和自我实现需求。

在人本主义的基础上，马斯洛曾表示：我们心理学家研究了太多的病人、有问题的人、不正常的人，真正的心理学应该研究大部分正常的人、健康的人、成功的人、实现自我的人。

你可能很难想象，虽然马洛斯是一位认为人的需求是不断成长、积极向善的心理学家，但他其实是一个特别不幸的人。

在马斯洛很小的时候，父亲就离开了他和哥哥，他的妈妈是一个极端且偏执的人，觉得人这一生不应该幸福，活着就是为了赎罪。

有一次，马斯洛捡到了一只流浪猫，喜欢得不得了。

但他妈妈居然当着他的面，把猫活活地踩死了。

这样使马斯洛和哥哥一直生活在非常消极的成长环境中。

后来，在大学时期，他踏入了心理学的教室，对这门学科产生了浓厚的兴趣。随着时间的推移，他不断深入研究，最终成了一位备受尊敬的心理学大师。

有一个故事，说有个书生进京赶考，住在一个以前常住的店里，考试前两天他做了三个梦。

第一个梦，他梦到自己在高墙上种了白菜。

第二个梦，他梦到在大晴天自己打了一把雨伞。

第三个梦，他梦到自己和心爱的女子脱光了衣服，但是两人背靠背地躺在床上。

第二天早上醒了，书生对这三个梦很不理解。于是，他去找算命先生解梦。

算命先生一听，说："你还是回家吧。高墙上种白菜，那不是啥也得不到嘛！大晴天打伞，那不是多此一举嘛！跟心爱的女子背靠背，那不是没戏嘛！"

书生非常郁闷地回到店里，准备拾掇拾掇回家了。店家感到非常奇怪："阁下尚未考试，怎么就回乡了？"书生就把做梦和解梦的事说给店家听。

店家听完后，跟他说："高墙种白菜，不就是高中？大晴天打伞，不就是有备无患？和心爱的女子背靠背躺着，不就是翻身？"

书生一听，觉得有道理呀，就非常振奋地去参加考试了，后来果然金榜题名。

这个故事揭示了一个深刻的道理：事件的发生固然重要，但我们对这一事件的解读与理解，往往具有更为深远的意义。

我感觉好，所以我才能做得好。

正如《易经》里的一个观点：凡所有事发生，皆有利于我。

苏轼也是一个极为乐观的人，在他的官宦生涯中，有三分之一的时间在被外放。但他没有自暴自弃，而是用乐观、豁达的心态面对人生的无常。

在外放时，他也没有无所事事，而是读书、写词、治蝗、抗旱。面对人生中的重大转折点——乌台诗案，他展现出了非凡的坚韧与豁达。他在黄州城东开垦一片坡地，成就了"东坡居士"。他在此开荒种地，于江边悠然自得地品酒，将生活的苦难化作了诗意的栖居。

一天，路上突然遇到了大雨，其他人都垂头丧气、狼狈不堪，而苏轼淡定悠吟："竹杖芒鞋轻胜马，谁怕？一蓑烟雨任平生。"

这份豁达的气度，古今少有。

罗曼·罗兰曾说："世界上只有一种英雄主义，那就是看清生活的真相后依然热爱生活。"

积极心态不是遇到沟沟坎坎不难过、不伤心，而是不会永久地沉溺于悲伤中。

相关研究表明，积极心态能让人更健康和长寿，拥有积极心态的人，其高血压、心脏病甚至癌症的发病率相对较低，总体死亡率也较低。

我希望积极心态能成为你生活中的常态，高高兴兴地直面高峰和低谷，理解万物总是相对而生，始终积极地向前看。

世上只有三件事，只做自己的那件事

我在学习了心理学之后，认识到世上只有三件事——自己的事、别人的事、老天的事。

什么是自己的事？

就是与我们个人生活、成长和发展紧密相关，且他人无法直接代替我们做出决定或执行的事。

比如吃、喝、拉、撒、睡、学习、劳动，自己职责范围内的任务，自己可以控制而且符合正确价值观的事。

什么是别人的事？

比如别人的吃、喝、拉、撒、睡，别人职责范围内的任务，别人对我们的态度、评价等。

什么是老天的事？

这就更好理解了，正所谓"天要下雨，娘要嫁人"，就是我们没有办法主宰的事。

比如出身、血型、外貌，刮台风、下暴雨、地震等自然灾害，季节更替、生老病死等自然规律，已经发生过的且没办法改变的事。

讨好型人格的人往往没有充分意识到自己的事的重要性，他们过度关注他人的需求和期望，而忽视了自己的需求和感受。这导致他们在面对自己的问题时缺乏主动性和决策力，容易陷入被动和依赖的状态。

课题分离

在《被讨厌的勇气》一书中，作者解释了阿德勒所提出的"课题分离"概念。

一个人在成长过程中，会面临各种各样的关系，与很多的人进行联结，这就是我们每个人的人生课题。

关于什么是"课题分离"，不妨看看格尔迪奥斯绳结的故事。

公元前四世纪，马其顿国王——亚历山大大帝征伐波斯领地，当他的队伍抵达吕底亚时，他们发现吕底亚的神殿大厅内供奉着一辆古老的战车。这辆战车是曾被国王格尔迪奥斯捆绑在神殿支柱上的。

当地流传着一个传说："解开这绳结的人就会成为亚细亚之王。"

无数人曾经尝试解开这个绳结，但是没有人成功过。

亚历山大大帝走进神殿，他知道这个传说，他看了看战车，又看了看绳结。

沉吟片刻，他直接拔出腰间的短剑，高呼："命运不是靠传说决定，而是要靠自己的剑开拓出来的。我不需要传说的力量，而要靠自己的剑去开创命运。"然后，一剑劈断了绳子。

这段有名的逸闻，不仅生动展现了勇气的光辉，更深刻传递了直面挑战的无尽魅力，激励着世人勇往直前。

人只要生活在社会上，就免不了要和他人打交道。

也许你需要了解一点儿心理学，来斩断人际关系中的"格尔迪奥斯绳结"。

阿德勒将人生成长过程中产生的人际关系分为三类：

一是工作课题，即因为工作而结成的关系，在工作结束后，可以转化为其他关系，如朋友或者陌生人。

二是交友课题，即交朋友，比工作关系随意和自由。

三是爱的课题，即恋爱和亲子关系，众所周知，这两者都是较为复杂和难以处理的人际关系。

做好只属于自己的课题

那我们应该如何区分哪些是自己的课题，哪些是别人的课题呢？

其实很简单，结果由谁承担，就是谁的课题。

比如，有一个不爱学习的孩子，不听课也不写作业，父母再催促孩子，可能也达不到效果。

那孩子不爱学习是谁的课题？

假设孩子不爱学习，成绩不好，成年后发展不顺，无法实现个人成功。

这个后果的直接承担人是孩子自己，而不是父母。因此，阿德勒认为，学习是孩子自己的课题。

我家孩子上一年级的时候，不爱写作业，我觉得相比玩耍来说，很少有小孩真正爱写作业。

有一天我的孩子问我："为什么要写作业？"

我反问他："你很喜欢树，老师讲了怎么种一棵树，挖坑、刨土、除虫，那么你现在会种树了吗？"

他想了想，说："不一定会。"

我说："虽然你听了种树的步骤，但是要想真正种一棵树，是需要动手去挖坑、刨土、除虫的。那写作业的过程，就类似挖坑、刨土、除虫的过程，把老师教导的知识，转化成自己能理解运用的技巧。"

就是这样，孩子似懂非懂地点了点头。

阿德勒用"可以把马带到水边，但不能强迫其喝水"这句话来形容课题分离，这在育儿上也是十分贴切和受用的。

很多时候，人们会不自觉地干涉他人的生活课题，往往是出于一种"我是为你好"的善意心态。比如，父母总是期望着年岁渐长的孩子能够早日成家立业；家长则不遗余力地鼓励孩子努力奋斗，以期他们未来能有更多的个人发展机会。

然而，在给予他人建议或支持时，我们更应注重的是尊重与理解。每个人都应有自己的心理领地，那是他们独立思考与决策的空间。当我们能够更多地尊重对方的意愿，给予他们足够的心理空间时，沟通往往会变得更加顺畅、和谐。

自己的事，我认为凡是自己能安排的，就努力去做，扎扎实实地完成。在友善拒绝别人干涉的情况下，耕种好自己的"一亩田"。

别人的事，比如老张婚姻不幸福、小李方案完不成，最好的态度便是——别人的人生要怎么活，那是别人的事。

提到老天的事，我第一时间会联想到杞人忧天的典故。整日里忧虑天空会崩塌，以至于夜不能寐，食不知味，这实在是毫无必要的担忧。我们应当学会放下这种无谓的焦虑，珍惜当下，享受生活的美好。

讨好型人格的人在面对别人的事和老天的事时可能表现出过度的焦

虑和无力感。他们可能无法接受一些无法改变的事实或顺应规律，从而陷入消极的情绪中。然而，理解和接受这些无法改变的事情是建立健康心理的重要一环。

《新唐书》有言："世上本无事，庸人自扰之。"如果一味地担忧未发生或者懊悔已发生的老天的事，就真是自寻烦恼了。

活得自在，竖好自己的"篱笆"

你正坐在公交车站的凳子上等车，不远处走来一个人，站在距离你约三米的地方。你抬起头瞟了一眼，继续低头玩手机。

没多久，这个人走到离你大约一米远的地方，左顾右盼，看看车来没。你也跟着他的视线，看了看川流不息的车辆。

然后这个人坐到你旁边，距离你不到三十厘米的地方。

请问，现在的你感觉怎么样？

你可能会下意识地往旁边坐一点儿，跟他保持距离。

因为对方侵犯了你的界限。然而，当公交车到来，你们一同挤上车厢，与众多乘客紧密相依时，这种界限感在拥挤的环境中变得模糊起来。可是这种界限感在你的内心一直存在，你焦急地期待公交车赶紧到站，直到下车，你才松了一口气。拥挤的环境会让人感到不适，我想不会有人在拥挤的公交车或者地铁上感到舒适自如。

东晋陶渊明写下"采菊东篱下，悠然见南山"，其中"篱"就是指篱笆，古代用竹条或木条编成的栅栏，用来圈定房屋或者田地的范围。

界限就是"篱笆"，是人与人交往要意识到的分界线。

界限大致可以分为物理界限和心理界限。

美国心理学家罗伯特·萨默发现，想要自习的大学生们都有一个明显的行为。

虽然图书馆里并没多少人，但学生们几乎总是选择在空的长方形桌子的边角坐。当每一张桌子都有一个学生占用时，后来的学生会选择坐在对角的座位或比较远的座位。

萨默的一位研究助理尝试去坐在其他女生的旁边或者对面，那些被接近的女生会做出防御性反应，如改变姿势、打手势或者离开，来表达不舒服的感觉。

刺猬效应源自西方的一则寓言故事。故事发生在寒冷的冬天，有两只刺猬冻得瑟瑟发抖，想要彼此依偎以取暖。

当两只刺猬靠近的时候，它们的刺将对方刺得鲜血淋漓。后来，它们调整了彼此间的距离，找到了一个既能相互取暖又不至于伤害对方的适当距离。

在与人相处的过程中也是这样，学会给对方留点空间。

俗话说"距离产生美"。

人类学家爱德华·霍尔研究划分了四种关于人际交往的合适距离。

一是亲密距离。这个距离保持在 44 厘米以内，一般是和亲人、伴侣保持这个距离。如果他人未经我们同意便进入这个距离，通常会令我们感到被威胁和不适。

二是个人距离。这个距离约为 45—120 厘米，这个距离内大部分是朋友、熟人，接触得相当近，但还是比不上亲密距离的人。我们与他们可以保持"一臂之遥"。

三是社交距离。这个距离为 1.2—3.7 米，比如办公室、图书馆等场所，是礼貌的社交距离。

四是公共距离。指的是开放空间的公共距离，这个距离要保持至少 3.7 米，是最远的一种人际距离。

我们需要对自己的社交行为有清晰的认知：一是当你主动接近别人时，你的行为在对方眼里是否越界；二是当别人侵犯了你的界限时，你是否鼓起勇气拒绝或离开。

那么接下来，我们分析一下越界行为有哪些。

常见的越界行为

物理界限是一个人的个人空间和他能够接受的身体接触程度。

举几个侵犯物理空间的例子：强迫对方跟自己握手、拥抱，站得离对方太近，没经同意进入对方的房间，偷看他人的日记或者翻看他人的手机。

心理界限的涉及面则非常广，几乎每一段关系里都有可能出现越界。以下是五种常见的越界行为。

过度分享

过度分享的人往往是为了努力与他人建立联系，但这种努力却常常产生不良后果。例如，他们可能会分享不恰当的信息，无意中泄露了他人的隐私，或者在与对方尚未建立深厚关系时就过多地透露自己的私事。

通常，这些过度分享的人并不觉得自己言语过多。

那么，当我们遇到喜欢过度分享的人时，应该如何应对呢？一种策略是巧妙地转移话题，通过引入新的讨论点来继续交流；另一种方法则是礼貌地打断对方，表示"这个话题我们或许可以改天再深入讨论"。这样的处理方式既能够尊重对方的分享欲，又能够维护自己的边界感。

过度依赖

张鹏很爱女朋友依依，但依依有时候的行为着实令他难以接受。比如张鹏如果没能及时回复依依的信息，依依就会开启"夺命连环call"，一直到张鹏接电话为止。

过度依赖一般是双方的问题，一方觉得我有责任保护 Ta，另一方觉得自己可怜、弱小又无助。

从某种意义上来说，依赖等于软控制。

"我这么依赖你，你也要同等地回馈我哟。"

这种托付心态，即将自己的人生责任完全寄托在他人身上的心态，常会导致对方产生怨恨、厌倦、耗竭感。

而且一旦生活出现什么问题，依赖者会认为"都是你的错"。

这种不健康的关系就像无底洞，被依赖的人无论挖多少土，也填不满依赖人的心灵空洞。

控制他人

控制他人是家庭关系中特别常见的问题。

阿明今年 15 岁，正值青春期，对周围的世界充满了好奇和探索欲。

然而，他的父母似乎总是担心他会走上"错误"的道路，因此对他的生活进行了严密的监控和严格的规划。

每天早上，张先生都会提前为阿明准备好早餐，并规定他必须在7点整坐在餐桌前开始用餐，之后便是准时送他去学校，不容许有任何的迟到或早退。放学后，阿明不能自由地和同学们玩耍或参加课外活动，因为李女士已经为他安排了家教辅导和各种兴趣班，从数学到钢琴，几乎占据了他所有的课余时间。

在周末，阿明本以为可以放松一下，但父母早已为他制订了详细的日程表：周六上午学习编程，下午练习书法；周日上午进行英语口语训练，下午则参加跆拳道课程。

阿明几乎没有时间与朋友们聚会，更不用说探索自己的兴趣爱好或进行自由的思考了。

更让阿明感到压抑的是，父母对他的人际交往也进行了严格的限制。他们不允许他随意邀请同学来家里玩，也不鼓励他参加学校的社团活动，理由是担心这些活动会影响他的学习成绩或让他接触到"不良影响"。

控制是一种非常可怕的越界，而且很多时候是最亲的人的"手段"。

小时候，我经常听到大人对孩子说："我这么辛苦都是为了你好，你不听话怎么对得起我？"

这句话如同唐僧念紧箍咒一般，紧紧缠绕在很多人的心头。当控制的欲望超过某个临界点时，就会造成悲剧。

讨好别人

讨好是人际界限不清的表现。

一个总是讨好他人的人，往往是长期压抑自我的人。而被讨好的人，也未必会感到舒适。因为讨好往往伴随着期待，当期待难以满足时，被讨好就会变成负担。有时甚至变得热情和恭维都会给别人带来困扰。因为他渴求着他人的认可，从未真正面对自己，而将恐惧和期待寄托于他人的态度。

然而，对于讨好者来说，讨好和委曲求全得不到真正的认可和尊重，即使看上去得到了，也是虚假的，不会得到真正的幸福和开心。

认知偏见

当我们探讨越界行为时，不得不提及那些根深蒂固的偏见，它们如同无形的界限，将人们划分开来，阻碍着理解与和谐共处。

种族歧视和性别歧视都是根深蒂固的偏见。当女性展现出雷厉风行的特质时，却往往被轻易地贴上"悍妇"的标签，这实际上是对女性能力与性格的一种刻板印象和过度解读，构成了对女性身份的越界侵犯。

身材偏见也是一种不容忽视的越界现象。"你看你又胖了十斤"这样无心或有意的言论，无形中给个体带来了心理压力，是对个人价值的贬低，仿佛每个人的身体都成了他人评头论足的对象。

这些偏见，就像是一群细小的蚂蚁，在不经意间啃咬着人们的心灵，虽然每一次的刺痛并不剧烈，但日积月累之下，那份不适与痛苦却让人难以忽视。

设定界限并不难

对讨好型人格来说，竖起自己的"篱笆"并不是那么容易。

你常常把别人的需求和感受放在首位。

你不了解自己的需求。

你认为自己没有权利。

你认为设立界限会破坏情感关系。

你没有学习如何设立健康的界限。

亲爱的你，请一定了解和设立界限！

"当你让他人一次又一次打破你的界限时，就不再是他人打破了你的界限，而是你打破了你自己的界限。"

不知你是否看过科幻片《星际穿越》，我对片中的大黑洞"卡冈图雅"记忆深刻，它明亮、幽深，流浪在黑暗的星空。

"卡冈图雅"有自己强大的界限，一旦有物体超越那个界限，就会被界限惩罚，拽入黑洞。片中男主角库珀深知要活下来，就不能越过"卡冈图雅"的界限，没有人类敢轻易靠近它，因为那是来自宇宙的警告。

你要守护好你的"卡冈图雅"。

孙荷不喜欢别人挎着她胳膊，偏偏好友小杰每次和她外出时总是挎着她的胳膊不放。孙荷最开始不好意思说，后来终于忍不了了，就直接告诉小杰自己不喜欢被挎着胳膊。

后来两人再相约逛街，小杰就不再挎着孙荷的胳膊了。

我们可以通过这样的方式，主动设定自己能接受的物理界限。

"我比较习惯握手，不习惯拥抱。"

"麻烦请后退一点儿。"

"我不喜欢别人随便进入我的房间。"

"我不喜欢别人翻我的手机。"

在表达的时候，尽量表达事实本身，避免情绪化沟通。

表达的小窍门就是用"我"开头，因为用"你"会让对方感觉到被指责，你可以尝试说一句话，体会下区别。

曾有一个新入职的同事，坚持要搬凳子坐在我旁边，看着我工作，说是更好地向我学习。我到现在还记得那种感觉，打字的手都不利索了，如坐针毡。但其实人家并没有恶意，只是友善地向我学习而已。

那时候，我实在张不开嘴拒绝人家坐在旁边。如果现在再有类似情况，我会直接表达："我不习惯有人坐在我旁边看着我工作。这样，我传给你一些资料，你可以先到自己的电脑上学习，有问题你再找我沟通。"

物理的界限因人而异，我认为如果在相处过程中，你感觉到对方突破了你的物理界限，该表达就要表达，不要害怕得罪人。

如果一个人仅因为你表达了自身的合理需求，就对你心存怨怼，大概率长期相处的可能性也不是太高。

设定界限不是我们生来就会的技能，而是需要练习的。在设定界限的最初，你可能会感到自责，或者感到有些尴尬，但是这都是正常的感受。坚持下去，克服不自在的感觉，这些挑战都是为了让自己更健康，让人际关系更美好。

这种坚持是值得的，因为在人际交往中，如果没有界限，就很难维持健康且长久的关系。

设定界限是对自我的一种重要保护机制，它能让周围的人明确知晓你的底线所在，从而不敢轻易跨越。这样的做法，无论是对改善你的生活品质，还是对促进自我与他人的健康关系，都有裨益。

找到潜在天赋，用时间破局

《后翼弃兵》是我非常喜欢的一部美剧，讲述了一个关于成长的故事。

贝丝是一个八九岁的小姑娘，自她的父母因车祸离世后，她便被寄养在了一所孤儿院里。一天，贝丝在地下室认识了她生命中极为重要的一个人——校工大叔萨贝。当时，萨贝正在玩国际象棋，贝丝通过简单的观察，就了解了下棋的基本规则。

"这个棋子能上下或者前后移动。"

萨贝对贝丝说："那我们就来下一盘吧。"

贝丝的天赋被唤醒。

她晚上睡觉时，在梦里都在推理棋局，下棋的水平呈几何级的飞跃。

后来，在从未设立女子单独分组的国际象棋领域里，贝丝凭借着自己的坚韧与才华，一步步披荆斩棘，杀出重围。她先是赢得了小镇的冠军头衔，紧接着又在各国的赛事中摘得桂冠，甚至成功击败了多位特级大师，展现出了非凡的实力。

萨贝无疑是贝丝生命中的贵人，他不仅是最初引领贝丝走进象棋世界的人，更是以他独有的温柔与智慧，成为贝丝天赋得以绽放的指路明灯。

当贝丝首次踏上参赛的征途时，面临了一个现实的难题——经费的短缺。

她写信给萨贝，很快就收到了萨贝寄来的五美元参赛费。

成名之后的贝丝再次回到地下室才知道，萨贝在一个墙面上贴满了贝丝在各地夺冠的剪报，以及最初遇见萨贝时，他们二人的合影。

天赋是什么？

作家余华这样说："天赋有时候是一种运气，就是一个人，他是否找到了一份最适合他从事的工作。如果找到了，他的天赋自然出来了；如果找不到，他再有天赋也出不来。"

唐宋八大家之一的王安石写过一篇《伤仲永》，大致内容如下：

金溪村有一个叫方仲永的小孩，家中世代以耕田为生。仲永长到五岁时，还不认识书写工具。忽然有一天仲永哭着要书写工具，他父亲就从邻居那里借了一套给他。仲永立刻写了四句诗，并题上自己的名字。同县的人都对他非常好奇，渐渐地，有人花钱买他的诗。他父母觉得有利可图，就带着仲永四处拜访，不怎么学习了。

就这样过了几年，王安石回家见到方仲永，仲永做的诗已经没有从前的那样好了。再后来，"泯然众人矣"。

《理想国》中，阿德曼托斯追问苏格拉底关于天赋的问题，苏格拉底说："任何种子或胚芽（无论是动物还是植物的）如果得不到合适的养分、季节、地点，那么它越是强壮，距离良好的发育成长就越远。"

虽然很多人自带天赋，但是天赋也需要培养，否则很可能被磨灭，李白挥墨狂笑"天生我材必有用"。我们出生在这世上，必然有我们的价值。

大鱼问小鱼："今天的水怎么样？"小鱼疑惑："什么是水？"

拥有天赋而不自知的人往往像水中鱼，因为身在水中，反而看不到水。

心流的体验

小时候，我不喜欢出去玩，总喜欢躲在屋子里，为此我的妈妈很是担心。

不过，她的担心是多余的，因为我在屋子里画画呢。

有一回，我准备画一幅古装仕女图。

我从上午开始画，一直画到下午，这期间我的妈妈喊我吃饭，我也没有挪窝，而是全身心地扑在创作上，勾线、填色、描边。时间好像不存在了，再抬眼已是黄昏时分。

多年以后，我才知道这种状态有一个专属的心理学名词——心流。

心流，是一种无需刻意努力便能全神贯注于当前活动的独特心理状态。在心流状态下，你往往能发现并投身于自己真正热爱且富有意义的事情之中。

尝试寻找下你的天赋吧。

你最擅长什么？哪些活动你做起来如鱼得水？

哪些事情会让你感觉不到时间的流逝？

你有过突然领悟的时刻吗？是什么领悟？

有没有什么事情是你一直热爱，却没有办法全身心投入的？为什么？

什么时候会让你觉得你忠于自己的心？

培养习惯，探索兴趣或爱好

总会有一些人觉得自己平平无奇，找不到天赋何在。

"笨"人曾国藩曾在书法上下了很大功夫，他说过这样一句话："人生惟有常是第一美德。"就是说人生的第一美德是能坚持一件事。"余早年于作字一道，亦尝苦思力索，终无所成。"意思是早些年在写字这一块，也是苦苦思索，还是没有成就。"近日朝朝摹写，久不间断，遂觉月异而岁不同。"最近我每天临摹，从来没有间断过，只觉得会有点不同了。"可见年无分老少，事无分难易，但行之有恒。"可以说年龄不分老少，事情不分难易，但求恒久地坚持下去。"自如种树畜养，日见其大而不觉耳。"就好像种棵树或者养头猪、马，每天都看得见，树或者牛、马早就长大了，自己反而没觉得。

找不到天赋也没关系，不如形成一个习惯，坚持下去，总会有效果的。

回到《后翼弃兵》剧中，女主角贝丝通过自我认同、自我控制和自我提升逐渐成长。在孤儿院的时候，她认为自己是一个"等待被收养的丑陋的白人女孩"，直到她遇到国际象棋，开始变得自信。在高中时，没有人和她玩，有人甚至嘲笑她穿着孤儿院的羊毛裙，但她相信自己内心的光，坚持做自己喜欢的事情。这段时间里，她成长得非常迅速，参加国际象棋比赛并且取得了好成绩。从此她多了一个新身份，那就是女棋手。后来，随着她的自我认知越来越清晰，她知道什么是自己想要的，她想要靠自己的力量过上自己喜欢的生活。

有天赋也好，没有天赋也罢，在实现自我价值的过程中，天赋和习惯就像人的左右手，相互支持，相互推动。

有天赋并不能保证成功，因为天赋只是成功的起点，想要在某个领域长久进步，必须付出大量努力和时间。这时候，习惯就发挥了主要作用。

好的习惯可以帮助我们保持专注，比如每天坚持阅读、运动、写作等。

总之，面对我们生活里的很多"局"，你得深入参与和发现问题，用行动找到破解的方法。

成长的本质在于不断突破限制，一次又一次地通关。

第三章

从现在开始行动吧，

改变习惯性讨好行为

被冒犯时，勇敢地释放你的愤怒

当我们觉得某件事很糟糕或者不公平，或者感到自己被冒犯、被误解，甚至感到不安全时，我们就会感到愤怒。

愤怒让我们有勇气去战斗，动力满满

回想一下：你跟别人发生冲突的时候，你是什么样子？是不是心跳加速，脸颊通红，呼吸急促，肌肉紧绷？

这是感知到威胁时原始生物反应的一部分，被称为"战斗或逃跑反应"。

想一想，对于我们的石器时代祖先而言，当他们在捕猎或遭遇敌人时，这种愤怒或紧张的反应能够为他们提供宝贵的战斗能量。一旦感知到威胁，大脑会迅速向肾上腺发送电脉冲信号，刺激其释放肾上腺素。这一生理反应使得他们的注意力高度集中，同时肌肉获得更多的氧气供应，从而加快了他们的反应速度，增强了他们的力量。正是这样的生理机制，使得我们的石器时代祖先在面临危险时，能够有更大的生存机会。

愤怒在进化中被保留下来，是人类重要的情绪之一。

愤怒让我们充满力量

你有没有注意到，挑剔、愤怒的人往往比脾气好的人得到更多关注？

愤怒是一种力量，因为发火可以让别人感到害怕。

你是否还记得你最近一次发火是在什么时候？是因为什么事情呢？

有些人似乎不太擅长发火，或者只有在被逼到绝境时，才会像"兔子急了才咬人"那样表现出愤怒。

你假装不生气，但并非你真的没有生气，只是你选择压抑了愤怒的情绪。或者，你或许只是不知道如何恰当地表达这份愤怒。

然而，长期压抑愤怒可能会导致你在行为上显得畏缩不前，甚至可能容忍他人不合理的行为，最终这些行为却反过来伤害了你自己。

愤怒作为一种情感，其存在是有重要意义的。我需要保护我自己，坚守我的个人边界，不容许任何人轻易践踏。

攻击性，这个看似负面的词，实际上是站在愤怒这一坚实肩膀上，勇敢地举起长矛，捍卫自身权益的象征。

在二十世纪八十年代至九十年代，众多研究揭示了性别之间的差异——女性相较于男性，展现出更少的攻击性、更高的敏感性，以及更多地关心他人。这在一定程度上反映了社会传统规范对女性的影响，使得女性从小就被教导要压抑自己的攻击性，以符合社会对"温柔""体贴"等女性特质的期待。

朋友苏冉给我讲了一个她的故事：

我从小就脾气好，几乎没有跟别人吵过架。同事小谢跟我同时入职，我俩虽算不上太熟，但是她的工作忙不完的时候，有时候会请我帮忙。

有一次，我跟小谢到上海出差。我俩住了一个双人间，每人各拿一张房卡。入住的时候，酒店前台特地叮嘱我们，房卡如果丢了需赔偿五十元制作费。

接下来几天的工作平稳、顺利。有天晚上，我刷卡进房后，顺手就把房卡放在电视机旁边。不一会儿小谢回来了，说总监找我们俩商量件事儿，于是我和她一起又出门去开会。

回来后，我下意识地去电视机旁边找我的房卡，但奇怪的是房卡没了。

我一下子就慌了，心想：难道是我放在别的地方了？

我把行李翻了个遍，也问小谢有没有看到我的房卡。

小谢说："没有啊，没有看见，这是我的房卡。"她边说边扬起手里的蓝色卡片。

我更慌了：完了完了，估计是丢在路上了。

随后我又到走廊和大堂找了一遍，仍然没有房卡的影子。再次回到房间，我冷静了下来。是的，我把房卡放到电视机旁边了，我确认。

而且我们俩外出开会时，我貌似没有刷卡。那房卡怎么会丢？我望向了小谢。

小谢说："我拿你的房卡干什么？我又不是没房卡。"

毕竟是同事，她都说没拿了，我也不好意思继续追问。

睡前整理时，小谢的钱包不慎从床上滑落，打开的卡夹里清晰地显示着还有另一张房卡。也就是说，小谢拿了两张房卡。

我当时怒气值一下子飙升，好想发火，又想着要不别提了，不就是五十块钱吗，到底是同事，而且平时关系也还算和睦，别因为房卡伤了和气。可是我的愤怒真的在燃烧，等她收拾完从洗漱室出来后，我就直接跟她摊牌了。原来是她忘了自己的房卡放在钱包里面，以为丢了，但是又不想承担五十元的制作费。看见我的房卡在电视机前放着，就顺手拿走了。

"她这么做不太好呀！"听完她的故事，我说。

"是啊，我当时实在忍不了了，我觉得做人不能这样。我如果丢了房卡，绝不会拿别人的卡。所以我就表达了我的愤怒，同时我也感受到了愤怒的力量，那是自我支配的力量，估计那会儿我看上去还挺凶的。"苏冉笑着说。

"后来你们的关系怎么样了？影响工作了吗？"我接着问。

"说来也奇怪，我本来担心摊牌后再见面会尴尬，关系也会不如从前那样好，然而事实是关系似乎并未受到太大影响。倒是她没有再给我安排一些不属于我的杂事儿了，可能觉得我不好惹了吧。"苏冉笑了。"后来我就觉得还是要'凶'一点儿，要不然真的会被当包子的。"苏冉表情带些无奈地说。

由于双方曾经发生过冲突，对方已经明确知晓了你的底线。因此，在工作或生活中，你反而能够更加坚定地维护自己的利益不受侵犯。

合理地表达愤怒，并非简单的情绪宣泄，而是一种自我保护和正当维权的手段。

当你感到被冒犯或受到伤害时，不要一味地忍让或逃避。适时地表达你的不满和愤怒，甚至"翻脸"，是一种自我保护的必要手段。

愤怒就像一把长矛，你拥有它，但并不意味着你需要时时刻刻都使用它。它更像是一种威慑力量，当你需要时能够拿出来震慑对方，让对方知道你的底线和原则。

有主见，说出来

由于工作，我接触到多个表现出讨好行为模式的来访者。在交流过程中，我发现他们会不自觉地谈及自己缺乏主见的问题，常常感到自己容易被他人的意见所左右，并因此对自己的这种性格特质感到不满和厌恶。

缺乏主见和顺从的习惯，让讨好型人格的人渐渐丧失了独立思考的能力，甚至会违背自己的原则和底线去取悦别人。

我真的永远会被艾琳打动，也佩服她敢说敢争取、有主见的性格。

艾琳是电影《永不妥协》的女主人公，离过2次婚，独自抚养着3个孩子，生活一度陷入困境，银行卡里仅剩下16美元。

输掉本以为能稳赢的官司后，艾琳找到了帮她打官司的埃德律师，对他说："你告诉我一切都会没事的，结果却不是这样。我不要你怜悯，我要领薪水。"

艾琳穿着时髦，律师事务所的其他同事常用复杂的眼神望着她。埃德提醒她："既然你在这里工作，最好改改你的穿衣风格，其他女同事看着不自在。"

艾琳毫不退缩地回应道："是吗？我认为我这样穿很好看。只要我还窈窕动人，我爱怎么穿就怎么穿。"埃德被掼得无话可说。

为了拿到大企业太平洋煤气电力污染的证据，艾琳几乎没时间陪孩子。

男友希望她辞职陪伴他和孩子，艾琳说："我不能辞职，这份工作让我这辈子第一次感到被人尊重的滋味。请不要逼我放弃，我现在能为孩子们做的，比以前多多了。"

最后，她协助律师打赢了官司，赔偿金高达3.33亿美元，作为助手，艾琳获得了200万美金的酬劳。

直到电影最后5分钟，艾琳还在为自己应得的权益跟埃德争辩。

一个独立性强、思维清晰、有主见的人是不会轻易盲目从众的。他们坚守自己的原则，不轻易妥协，面对选择时，即便有过犹豫和彷徨，但最终还是能够坚定地走出一条属于自己的道路。

以前每次遇到部门聚餐或集体买下午茶，我总是习惯性地回应"都行""随便"。而且我还很容易受他人影响，听风就是雨，人云亦云。我意识到，这样的自己让我害怕去表达自己的观点或设定个人界限。

然而，随着我逐渐学会坚持自己的立场，勇敢地表达自己的意见，现在我已经感到自在许多，更加自信地发出自己的声音。

试着遵循以下原则，慢慢让自己成为敢于做决定的人。

第一条原则，认识自己

找一面镜子，看看自己的面庞。

我的性格、能力、处境是怎么样的？我到底想要什么？哪些是我身上的闪光点？

任何的行为或者信念的改变，都离不开对自己能力的把握。

如果自卑占据心灵的大床，自信就只能在床边打地铺。

如果你自信满满，便不会在意别人的看法，而是更专注于自己的需求。满足自己的需求，是有主见的第一步。

第二条原则，练习表达主见的技巧

很多时候没主见是因为表达不清晰。

我说话时，常常不能正确有效地表达内心的想法，抓不住重点。再加上我语速很快，有时候话赶话，脑子里的想法早就不知道飞到哪里去了，只剩下自己也不清楚在说什么的迷茫感。

以"我"为主语陈述，表示我会为自己的话负责，话语明确简洁。

比如你可以这样说："我的提案是经过深思熟虑的，我认为可以通过商讨，做出最合适的选择。"

关于如何更好地表达，在现阶段以及未来很长一个阶段，我想我都会持续地学习。

第三条原则，不依赖

很多时候没主见是因为遇到问题习惯于求助他人。

然而，主见并非天生具备的，而是需要通过不断实践和锻炼来培养的。从小事做起，逐步积累自己做出决策的经验和信心，是变得有主见的有效途径。

如果在成长过程中没有太多这样的机会，那么在成年之后，我们就需要有意识地为自己创造这样的机会，主动地练习让自己做主，逐渐培养起自己的主见和决策能力。

当问题出现的时候，先尝试自己独立解决；如果不能独立解决，再积极寻求帮助。

第四条原则，保持个性

没有主见的人往往表现出较为随和的性格，这使得他们在人际交往中相对容易相处。然而，这并不意味着所有随和的人都缺乏主见。随和通常指的是一种温和、不与人争执的性格特点，它可能源于缺乏攻击性或强烈的个性表达，但这并不等同于没有主见。

你的善良必须有点锋芒，该表达个性的时候，我认为还是要去尽情表达。

别害怕别人太强，我太弱。

《你当像鸟飞往你的山》的作者塔拉·韦斯特弗写道："决定你是谁的强大因素来自你的内心。"

她的成长历程充满了挑战与艰辛，但塔拉从未放弃过对知识的渴望和对更好生活的追求。在短短十年间，她从一个从未接受过正规教育、在垃圾场长大的女孩，蜕变为获得了剑桥大学历史学博士学位的成功女性，彻底改变了自己的命运。

主见，犹如内心的指南针。

人生海海，让主见这枚指南针，始终指引你我方向。

学会给别人"添麻烦"

很多人的心中都有不给别人添麻烦的执念，但其实，不给别人添麻烦才是真麻烦。

不愿意麻烦别人，看起来是尊重别人，实际上却是我应该比任何人都重要的自恋。

明美特别害怕给别人添麻烦，无论是生活还是工作上，但凡是自己能做的事，从来不肯麻烦别人。遇到自己做不到的事，也不轻易向别人求助。

同事们都说明美是"高岭之花"，让人觉得非常不好接近，自觉地和她保持距离。

明美的同事小珊是个特别喜欢麻烦别人的人，时不时就会让同事或者邻居帮点儿小忙。比如，拜托同事打印文件的时候顺便给她带一份，看到同事已经看完的书就问能不能借来看几天。

别人帮她忙，她也不占便宜，时不时给对方带点儿好吃的、好玩的，比如一份自己烤的燕麦饼、一个小玩偶等。

大伙都很喜欢和小珊相处，彼此有来有往，关系越来越好。

为什么喜欢麻烦别人的小珊，好像比不喜欢麻烦别人的明美人际关系更好些？

这其实一点儿也不奇怪。

明美不愿麻烦别人，于是无形中在自己和别人之间画上了分界线，没有了麻烦，同时也没有了联系。

小珊从来不怕麻烦别人，但又很智慧地只寻求小帮助，不会让别人厌烦。于是这些小麻烦带去了感激和回报，和周围的人的关系就越来越好了。

不想麻烦别人，也是讨好型人格者的一种表现，这种心理源于害怕因麻烦他人而给他人留下不好的印象。

我认为一个人要懂得麻烦别人，原因有以下几点。

第一，人有被需要的需求

我特别欣赏和敬佩前同事大杨，她美丽又自律，对自己要求还特别高。后来，因多种原因我从前公司辞职，和她的接触就少了。

有天，她找我借某网站的会员权益，我是该网站的永久会员，因此借出会员权益对我来说很简单，于是就帮她操作登录了。

我没有感觉到被麻烦，首先这是我力所能及的小事，能帮助到她我也很开心。

被别人需要是人性的基本需求。因此当你麻烦别人的时候，你不仅达成自己的意愿，同时也在满足别人的需求。

相反，当我和你在一起时，你不怎么需要我，而我也找不到合适的理由去麻烦你，时间一长，彼此间可能会产生一种亏欠感或内疚感。这种感觉如果不被妥善处理，很可能会让人与人之间的关系逐渐疏远。

第二，没有麻烦，就没有关系

我认识一个特别好的心理咨询师，有段时间我陷入情绪低潮，一直想找她聊一聊，但总是不好意思开口。

终于我鼓起勇气，约她出来畅快地诉说了一下心中的烦恼和疑惑。

我一边倾诉一边不时地说："麻烦你了。"

她笑着说："不麻烦啊，有什么麻烦的。"

我感谢她愿意倾听，接纳我的情绪，也感谢她对我的理解，我们的关系现在仍然非常要好。

世界不是真空的，人必须活在关系里。

关系就像大地，我们要站在大地上才安稳。人与人相互麻烦，就像大地上绵延的树根，盘根错节，又很坚固。

麻烦别人并不意味着将所有事情一股脑地推给别人，或是将责任完全转嫁给他人。而是指我清楚地认识到，我的这些小困扰，你具备解决的能力，同时也不会给你带来过大的压力或影响。

第三，我们要有配得感

如果你无法向别人提要求，或许需要反思一下自己有没有不配得感。

"我很差劲，我怎么配被满足呢？"

你要认为自己很好，可以向别人大胆地提出要求。

因为被爱、被满足是你应得的。

如果情感上认为自己有欠缺，就容易变得被动。

主动多麻烦别人，多制造和别人交流、接触的机会，久而久之，关系会越来越好。

第四，信任别人

美国特劳特咨询公司创始人杰克·特劳特说过："没有信任，什么也实现不了。"

有一个心理学名词叫"联结"，人与人之间需要保持联结。

你信任他，他信任你，双方的联结会更紧密。

比如，在踏入大学校门之前，李雪琴几乎从未主动开口向别人寻求帮助，她一直将此视为自己的一种高尚品质。然而，进入北京大学学习后，她在一堂心理课上得到了深刻的启示。老师这样说道："建立并增进友谊的一个有效方法，就是适时地向他人提出合理的请求。"

因为不相信自己会得到别人的帮助，所以也不愿意麻烦别人，同时更害怕别人拒绝自己，这可能是一种自卑。

一些小时候缺乏爱或者关注的人，长大后往往会过于懂事，从不麻烦别人。从另外一种角度来说，这样也是把自己封闭了起来。

尝试建立对别人的信任，不要预设请求帮助的结果或者回报，也不要害怕面对拒绝。

人与人之间的善意是相互连接的。你帮助我，我帮助你；你信任我，我信任你。这是一种非常美好的关系。

所以，不如从一件小事开始，尝试着麻烦别人。

相信我，你会有新的体会。

那么，现在我可以麻烦你，将本书推荐给你的一位友人吗？

撕下"老好人"的标签

小品《有事您说话》里的郭子，就是典型的老好人。

通宵排队给同事买票，最后自己搭了两百元；邻居请他把白菜搬到六楼，明明没时间他还揽下来，最后老丈人化装成民工扛了五百斤白菜；更夸张的是，科长让他弄几节车皮，他也不好意思拒绝。

"有事儿您说话"像紧箍咒一样紧紧地套在郭子头上，让他把生活搞得一团糟。

是时候撕掉"老好人"的标签了。

古老的犹太圣贤希勒尔曾说："我不为我,谁人为我?我只为我,我为何物?此时不为,更待何时?"

如果你去网上搜索"讨好型人格自救指南",你会得到五花八门的答案,因为每个讨好者的行为都不一样。

下面介绍的方法是基于我的个人经历。

一是接纳讨好。

复旦教授沈奕斐谈到讨好时说:"我们为什么会讨好别人?""Ta的权力和权威高于我们,我们对 Ta 有需求,我们出于爱的本能而讨好。"

我非常喜欢她对讨好的解读,充满了积极和温柔的感觉。

在生活中,一旦得知某人有讨好型人格,我们往往倾向于以批判和轻视的态度对待他们,认为他们过于卑躬屈膝,缺乏自我爱护。

此外,讨好型人格者总是习惯于将自己置于较低的位置,这种行为反而更容易激起他人内心的高位优越感。

然而,我们不应忽视的是,对于某些人来说,讨好可能确实是一种生存策略,是他们在这个复杂社会中寻求认同与接纳的方式。

没有人生来愿意讨好他人,大概率讨好者是不被期待、不被爱的。

为了在这种环境中生存下来,讨好者不得不隐藏自己、压抑自己,出让权利。

我真的非常理解讨好者,我也希望所有讨好者早日觉醒,不要再苦了自己。

二是把自我需求放在首位。

我们可以在别人需要帮助时伸出援手，不过，给别人帮忙永远不应该凌驾在你自己的需求和感受上面。

比如，朋友邀请你出去玩，你不想去，就直接说："我收到你的邀请很开心，不过周末我更想待在家里休息。"

比如，你最好的朋友找你借钱，你很想帮他，但是你手头也不宽裕，你就直接说："我很想帮你，可是我目前也没有钱。"

当接到别人的请求时，我们首先要做的是理性地评估这一请求是否对自己有利，而非一味地迎合或讨好对方。

三是远离别人的看法。

老实说，曾经的我真的很在乎别人的看法。

后来，我发现不同的人对我有不同的看法，如果很在乎他人评价，就像在万花筒里找一朵最喜欢的花。

我以前对一切事情和每个人都非常在意，特别是对他人的看法尤为敏感。比如，我会反复琢磨为什么那个人没有回我的电话，我的穿搭是否得体，或者我刚才说的话是否有什么不妥。

后来随着阅历的增加，我意识到以前我所担心的事，几乎对我没产生什么影响。

我以前很在乎一些人的意见，但他们已经不在我的生活里。

我也想给大家介绍下投射这个心理学概念。投射是弗洛伊德最早提出来的，是指个体依据其需要、情绪的主观指向，将自己的特征转移到他人身上的现象。

通俗一点来讲就是评价别人、干涉别人，都是因为自己的投射。

王国维在《人间词话》中写："以我观物，故物我皆著我之色彩。"

别人针对某点议论你，可能恰好是因为他在乎这点。

简而言之，事情就是事情，话就是话，别在自己身上关联太多。

四是学会拒绝。

直截了当地拒绝不喜欢的人和事。

如果你不会拒绝，也不必从立刻说"不"开始。当有人向你提出要求时，你不需要马上拒绝，只需要告诉他们：

"我需要一些时间考虑。"

"我现在有些忙，晚点儿回复你。"

"我需要看下这周的安排，等我回家后告诉你吧。"

"我现在不太确定我们周末有没有安排，我需要先跟另一半确认下。"

你也可以每周进行两天的"不讨好日"挑战。在这两天，你要认真地观察自己的思维、行为和信念，看清讨好到底如何支配了你。

我想做个好人，几乎是我前半生的注脚。

我想做个有原则的好人，是我现在的页眉。

你并不孤独，这个世界上还有成千上百万和你我一样的老好人。

树立界限意识的过程可能会掉一层皮，就像蟒蛇的成长总是伴随着蜕皮，破茧成蝶才会清楚羸弱和善良的区别。

你要明白，善良是一种品质，而不是一种义务。

你是你的太阳，内核稳了人就顺了

万籁俱寂，一片迷蒙的星云附近，一颗超新星突然爆发。爆发带来的巨大能量使这片星云受到冲击。

星云由氢气和氦气组成，在引力的作用下塌缩，云团的压力和温度不断升高，最终触发核聚变反应，形成一个稳定的恒星——太阳。

至今，太阳已经稳定地燃烧了大约四十六亿年，其强大的内核驱散地球的黑暗。

我们的情绪也需要内核稳定。

心理学常用的一个词是"心理灵活性"，比如我们自己是画布，情绪是画布上的笔，笔可以画出任何图案，各种颜色也可以铺满画布，但是画布是不变的，是稳定的。

视角换成人，就是他不会因为外在的评价而有巨大的波动，因为他对自己的认知相对稳定。

不稳定的人是相反的情况。比如，可能因为别人一句话，哪怕是批评事情的，他就觉得别人是故意针对自己："你批评我是因为我不好，我不仅这个地方不好，我整个人都不好。"

我比较认同简单心理平台创始人简里里老师的话："稳定内核的核心概念是有相对稳定的自我价值体系，有相对稳定的自我评价。"

简单来说，就是我怎么看待自己，以及我怎么看待别人。

比如，如果有人说我丑，我肯定是不以为意的，我自认为我长得不丑。

我愿意用一个词来替换"内核稳定"：笃定。

这些年，我变得越发笃定了，不会轻易被他人带着跑。遇到问题，我会有自己的思考和想法。有些想法可能尚不成熟，甚至最后不能施行，但是我的心是定的。

每个人的际遇不同，想要内核稳定，就要保持自己的"内生长"。

一是要坚持阅读。

我们每个人都想拥有智慧，智慧的来源则是多方面的，包括但不限于个人的深刻内省、持续不断的学习、社会的教化以及丰富的文化熏陶。在这些途径中，读书被广泛视为获取智慧的重要途径之一。

一个人书读得多，自然见识就多。

不读书，就像行走在沙漠里，眼前一片茫茫黄沙，看不见什么生机。

我觉得书里不一定有黄金屋，也不一定能遇见颜如玉，但毫无疑问的是，书里能看到更广阔的天地，能学到悠悠千年文人墨客留下来的宝贵的生活哲理，以及收获更通达的自己。

莎士比亚说过："书籍是全世界的营养品。生活里没有书籍，就好像没有阳光；智慧里没有书籍，就好像鸟儿没有翅膀。"

阅读就像一座可以随身携带的小型避难所，你累了、倦了，随时随地可以进去躲一躲，感受那份温暖和能量。

近些年，我才开始陆陆续续读书，逐渐养成读书的习惯。我在《长安的荔枝》里，看到小人物在大人物摆弄下辛劳腾挪的悲喜；在《向前一步》中，感悟到女性的脚步应该大胆迈出，要有打破天花板的勇气；

在《索拉里斯星》中，感受到了人类在茫茫宇宙中的渺小。

读书使我的心平静了下来，驱散了多年的迷茫和不确定感。

二是要坚持学习。

如果你有探索自我的欲望，可以多看一些关于心理学的书。心理学脱胎于哲学，是一门"我思故我在"的学问。在我学习的过程中，它带给我很多成长的力量。

我建议每一位读者尽早地开始向内探索自我。

伍尔夫说："一个人一旦有了自我认识，也就有了独立人格；而一旦有了独立人格，也就不再浑浑噩噩，虚度年华了。换言之，他的一生都会有一种适度的充实感和幸福感。"

学习能让我们不再把目光聚焦于他人，而是转向关注自己的感受和需求。

同时，学习也极大地增强了我的自我效能感，使我对自己的能力抱有更加积极和坚定的信念。这种信念让我既能够脚踏实地地面对现实，又能够心怀梦想，向往着诗与远方的美好。

一位老婆婆到一家杂货店购物。

结账的时候，她发现收集的优惠券用不了了。她朝着收银员大发脾气："为什么不让我用这三元优惠券？"收银员给她解释优惠券不能使用的原因，她依然没完没了地大骂。

为什么这位老婆婆这么在乎？就三元而已。

因为这位老婆婆可能除了在家中剪优惠券之外，并没有太多其他的事情可以打发时间。她为这些优惠券倾注了太多的心血，以至于这几乎成了她生活的重心。

因此，当收银员告诉她优惠券不能使用时，老婆婆感到难以接受。对她而言，这些优惠券是她生活的寄托和精神的慰藉，是她生活的全部内容。

如果你的人生有更大的课题，你就不会沉迷于鸡毛蒜皮。

用一句通俗的话来说，就是我们的未来是星辰大海。

你可以通过独立思考建立自己的价值体系和生活秩序。

你可以大胆地丢弃生活中约 80% 的杂念，摆脱外界强加在你身上的各种评价体系和价值标准，让自己更加自由地追求内心的真实与梦想。

我们终其一生，就是要摆脱他人的期待，找到真正的自己。我们允许一切发生，接纳自己的情绪。

对于能够做到的事情，我们满心欢喜地去完成；而对于那些暂时还无法达成的目标，我们则保持坚韧不拔的努力，持续不断地尝试与突破。我们专注于问题本身，致力于寻找解决之道，而非沉溺于情绪的波动或外界的评判之中。

我们不需要完美，只需脚踏实地，将每一件事做到力所能及的五十分。最重要的是保持积极的心态，少抱怨，多行动。

我希望你像太阳，拥有稳定的内核。你的目光可以着眼于一餐一饭，也可以越过银河系，眺望未知的彼方。

摆脱"言说困境"，找呀找呀找朋友

"言说困境"通常指在沟通、表达或辩论中遇到难以有效传达思想、情感或观点的情况。找朋友，特别是那些能够在你遇到"言说困境"时给予支持和帮助的朋友，是一种非常有效的策略，可以帮助你摆脱这种困境。

大家熟知的儿歌《找朋友》表达了寻找朋友、增进友谊的主题。但你觉得什么是好朋友呢？

这世间每一种友谊，都是独一无二的。

对幸运的人来说，朋友，是飞进窗口的一只蝴蝶，是冬天一个温暖的炭炉。你能和朋友分享快乐、满足、悲伤，你们有说不完的话，唠不完的嗑。谁也不嫌弃谁，你做错了他会直接说你，你成功了他比你还开心。

王尔德说："真正的友谊是不带一点儿私心的。"

可是，随着年龄的增长，为什么我们和一些好友之间的距离越来越远了？比如，我问你："你小学或者中学时候最好的朋友现在怎么样了？"

你可能会发现，好久没有 Ta 的消息了。

想象人生是一列火车，你是这列火车的乘客之一。

火车颠簸，一路上你会遇到各种各样的乘客。

有一天，某站上来一个乘客，坐在你旁边，你开启了话头，很快你们聊得非常开心。可是过了一段时间，可能是几个月，也可能是几年，他就下车了，去走他自己的人生之路了。

成年人的交友原则

我在中学时有一个非常要好的朋友，我俩天天挎着胳膊一起上厕所，有着深厚的友情。后来她结婚了，而我选择北上追寻梦想。很多年前，我俩再一次见面，她的儿子已经七岁了，我却还没有进入婚姻。

当我们坐在一起吃饭时，完全没有了少女时期的亲密感。

那个时候我不知道友情是会消散的，一心想挽回这段友情，最终我们还是彻底断了联系，我心里难过了很久。

成年人的友谊与少年时代的友谊截然不同，其中最重要的一点在于，成年人在交友过程中需要承担更多的自我责任。

成年人交友的第一条原则：轻松地接触

交朋友并非一项任务，而应是抱着轻松愉悦的心态去接触他人。我们不应为了"交到朋友"这一目的而过度放低自己的姿态，而是应让关系在相互的吸引与尊重中自然发展。

一起共进午餐、相约逛街等活动，都是增进友谊的好方式。在这个过程中，有时是他人主动邀请我们，有时我们也应主动伸出友谊之手，邀请他人共同参与。有来有往的互动能够加深彼此的了解和信任，从而让关系更加稳固和深厚。

成年人交友的第二条原则：让对方多说

在跟他人聊天时，我会尽量不打断对方说话，尽管有时候我很想插嘴。因为打断别人是不礼貌的行为。

通常我会等对方说完了，再说："你是说……""我认为……"

在沟通中我们应尽量避免使用封闭式问题，这样的问题往往只能得到简短而直接的回答，不利于深入交流。相反，我们应该有意识地多使用开放式问题，这样的问题能够引导对方展开更多的描述和分享，从而使对话更加生动有趣。

这个技巧我最近几年才学会用，不瞒你说，以前我是"尴尬聊天大王"。

另外要注意，动不动就教育别人会让人厌烦，很少有人喜欢和自己的"老师"做朋友。

成年人交友的第三条原则：适当的自我暴露

自我暴露往往要触碰情感、经济等私密话题，有时甚至需要展示自己不那么好的一面。

我跟小闪认识一年多，一直保持着普通朋友的距离。

有一次我去找她玩，她说到对家里的担忧，我说起我的苦楚。那一刻，我们仿佛找到了共鸣，两个人的眼泪哗哗地流，差点儿把出租屋给淹没了。通过这次互相诉苦、流泪，我们俩的感情迅速升温，从普通朋友变成无话不谈的好朋友。

加拿大温尼伯大学的社会心理学家贝弗利·费荷在他的著作《友谊进程》中提道："从熟人变成朋友的一个典型特征，就是自我暴露的广度和深度的增加。"

如果双方都能够自我暴露，就像是获得了一把打开友情的钥匙。

一位作家告诉他十岁的小外孙关于交朋友的三句话：第一，朋友有好坏，好朋友深交，坏朋友远离；第二，少索取，多给予；第三，对朋友要真诚。

值得交往的朋友的五个特质

你可以思考一下：你渴望朋友的初心究竟是什么？是仅仅希望他能倾听你的烦恼，还是在你遇到困难时能够伸出援手？如果你对朋友抱有这样的单一期待，那么很可能会感到失望。

朋友并非简单的倾诉桶，也不是无所不能的百晓生。如果我们只是一味地向朋友诉苦，而不考虑他们的感受和需求，那么朋友之间的关系可能会逐渐疏远。

因此，我们不应该将全部的情感寄托在其他人身上，这不仅对他人不公平，也可能让自己陷入失望之中。最可靠的始终是自己，只有自己才不会辜负自己。

有没有听过这句话？"当你成功时，你的朋友知道你是谁，但当你失败时，你知道谁是你的朋友。"

很多朋友并不是你真正的朋友，他们或许只是酒肉朋友。当你身处顺境时，他们围绕在你身边；当你身处逆境时，他们突然不见了。

因此，我们要和那些珍视、尊重和激励我们的人在一起。

值得交往的朋友通常有以下五个特质。

第一个特质：对方是一位激励者。

一项于 2013 年发表在《心理科学》期刊上的研究指出，与意志坚强的朋友交往，可以显著提升个人的自控能力和专注力，进而增加实现个人目标的可能性。这样的朋友，无疑是一种宝贵的资源，他们不仅能在我们面临挑战时给予鼓励和支持，还能通过自身的榜样作用，激励我们不断成长、勇于挑战自我。

第二个特质：有同理心。

每个人在生活中都需要那么一个朋友，一个可以在艰难时刻给予我们依靠的肩膀。我们渴望被理解、被看见、被听见，因此，拥有一个具备强烈同理心的朋友，无疑会让我们感受到无比温暖的被支持感。这样的朋友，能够深入理解我们的情绪和需求，给予我们最贴心的关怀与安慰。

第三个特质：乐观。

乐观的人总是以热爱生活的态度积极面对一切。他们拥有一双发现美好的眼睛，总能在困境中捕捉到一线希望，并用这份希望的力量在你需要时给予你鼓舞和动力。

第四个特质：真诚、开放。

拥有真诚、开放的朋友，能让你自由地做自己，无须伪装，无须掩饰。他们不轻易评判朋友，无论你的选择如何，都会无条件地站在你这边，给予你最大的支持和鼓励。

第五个特质：有趣。

它不仅能够增强免疫系统，还能促进内啡肽（一种让人感觉良好的激素）的释放。俗话说"笑一笑，十年少"，拥有一个能让你开怀大笑、充满趣味的朋友，无疑会让你的生活更加明媚多彩。

正如《琅琊榜》中的梅长苏与蔺晨，他们之间的友情深厚且充满乐趣。蔺晨总是以风趣幽默的方式逗乐梅长苏，每当他到访，苏宅的氛围便变得轻松而愉快。

希望你也是别人眼中具有这样特质的朋友。

你们可以性格迥异、喜好不同，但彼此一定互相欣赏、互相成就、互相督促。

罗曼·罗兰说："有了朋友，生命才显出它全部的价值。"

"文字讨好症"是把双刃剑

张贝已经面对着微信对话框纠结了整整五分钟，却仍未发出一条信息。她心中有个请求，希望学姐能伸出援手，但又担心自己的请求会给对方带来困扰。

经过许久的斟酌，张贝最终在那简短的信息中，巧妙地加入了三个"~"以增添委婉的语气，两个表情符号表示"拜托了"的急切心情，还在结尾添上了一朵玫瑰花的表情以强调自己的感激之情。

按下发送键的那一刻，张贝终于松了一口气，但随即而来的却是对对方回复的忐忑不安。

这种在线上聊天时反复修改表达，将"好"替换为"好哒""好呢"，并在句尾添加"~"或表情图案等符号，以及习惯性地在句尾加上"哈""哟"等词语的行为，在网络上被形象地称为"文字讨好症"。

有媒体对"文字讨好症"做了调研：有 92% 的受访者表示在交流时遇到过"文字讨好症"，91% 的受访者表示自己有"文字讨好症"。

有时候，我也会这样，明明写好了，又删除再改或者加点小表情，总觉得需要斟酌好再发送。

不过，如果在使用语言时，语气词运用得过于频繁，再加上年轻的外表，可能会给人一种容易被欺负的印象。为了避免这种情况，我们可以有意识地控制语气词的使用，这样不仅能让自己在沟通中显得更加成熟稳重，也会使自己的行为表现得更加干脆利落。

比如：

好的——好　　　　　嗯嗯——嗯

收到了哈——收到　　婉拒了哈——办不了

但是心理学专家张珂博士认为：使用语气词并不是为了讨好对方，而是尽可能地降低被误判为攻击性语言的概率，以及担心交流不畅带来的焦虑感。

"文字讨好"有一定的情绪价值。在一份调查中，有 60% 的受访者表示，在收到讨好体式回复的时候，的确会感觉到被尊重。相比较"好"，"好嘞""好呀"这样的回复承载着比较多的情绪价值，让屏幕两端的沟通多了"人味儿"。

"文字讨好"在一定程度上能够体现出友善和礼貌的表达方式。对他人表达友善是良好沟通的前提，"文字讨好"能显示出一个人的修养，也能拉近双方心理的距离。

关于"文字讨好"带来的好处，林君深有体会。

林君大学毕业后，进入一家互联网大厂。起初，她没有特别留意职场沟通的语气。

"以前我聊天从不加波浪号，现在几乎每句话后面都会加上。"林君回忆道。"同事们反映跟我聊天时，我总是太高冷，还给我起了个有趣的外号——冰山美人。"林君笑得有些无奈。

有一回，林君在微信上跟客户沟通细则，被客户误会为态度冷淡，最后项目也黄了。

"后来我觉得聊天礼仪还是要有的，毕竟大家打字都看不到表情，稍微温和些，也是好的。而且我发现只要在句子后面加上波浪号，再加一句'辛苦啦'，别人就会觉得我很友好，沟通起来更顺畅。"林君坦言。

我们在与人聊天时，通过加入一些表情包或采用更加活泼、生动的表达方式，并不必然意味着我们在讨好对方。相反，这种做法更多的是出于让沟通更加顺畅、自然和愉快的目的。

使用表情包或活泼的文字，这样能够有效地缓解文字的生硬和冰冷感，使沟通更加富有情感色彩和亲和力。这种表达方式能够拉近彼此之间的距离，让对话更加轻松和自在。

"文字讨好症"是一把双刃剑。

一方面，它展现了一种积极的沟通态度，体现了对他人的尊重、理解和友善。在交流中，通过巧妙地运用语气词、表情图案等符号，以及选择更加委婉、体贴的词，可以营造出更加和谐的沟通氛围，增进彼此之间的理解和信任。这种沟通方式有助于建立良好的人际关系，促进合作与共赢。

另一方面，如果过度依赖"文字讨好"，可能会让人觉得你缺乏主见和自信，甚至在某些情况下被误解为虚伪或刻意迎合他人。此外，如果这种沟通方式成为一种习惯，可能会让人在真正面对问题时感到困扰，因为过于注重表面的和谐而忽略了问题的本质。

　　因此，我们在使用"文字讨好"的沟通方式时，需要把握好度，既要展现出友善和尊重，又要保持真诚和自信。同时，也要根据具体的沟通对象和情境来灵活运用不同的沟通策略，以达到最佳的沟通效果。

第四章

女性中的讨好型人格：

其表现与内在动因

使女的故事

《使女的故事》，这部由被誉为"加拿大文学女王"的玛格丽特·阿特伍德于1985年匠心独运而成的力作，不仅是她文学生涯中一颗璀璨的明珠，更是反乌托邦文学领域内的标志性作品，其影响力深远而广泛。

该书以其独特的视角和深邃的主题，构建了一个既荒诞不经又令人不寒而栗的虚构世界，巧妙地融合了魔幻现实主义的元素，让读者在震撼之余，不禁对现实社会进行深刻的反思。

该小说中的使女没有自己的生活，也没有自己的真实姓名，更没有自我价值，只是男人的附属品。她们唯一的存在价值，就是为不能生育的大主教的家庭生出子女。分娩后，孩子归女主人所有，等哺乳期结束，使女又将被派往下一个家庭……

她们不是"人"，只是行走的"生育机器"。

在极端管控下，奥芙弗雷德和奥芙格伦经常相约一起去采购。"不时地我们会变换一下路线，只要没有越出哨卡，这一点无可非议。迷宫里的老鼠只要待在迷宫里，是可以由它四处乱跑的。"

这让我想到了一个关于老鼠走迷宫的心理学实验。

美国心理学家托尔曼作为新行为主义学派的重要奠基人之一，其最为人所知的贡献在于他所设计的"迷宫白鼠实验"。

在实验中，迷宫有一个出发点、一个食物箱和三条长度不等的从出发点到达食物箱的通道，分别为通道一、通道二、通道三。托尔曼把小白鼠放在迷宫出发点的位置，然后让他们自由地在迷宫里探索。过了一段时间后，检验它们的学习成果。

之后，托尔曼再次将小白鼠放置到出发点，并对各通道做一些处理。

当三条通道都畅通时，白鼠会选择第一条通道（距离最短）；如果将通道一堵住，小白鼠会从通道二到达食物箱；如果将通道二也堵住，那么小白鼠就会选择通道三前往食物箱。

托尔曼认为，白鼠在迷宫里的一系列行动，都源于它们对周围情境的感知能力，这种能力让它们在头脑中对环境形成了一种预期和假设。这种预期和假设实际上是一种强化，也就是所谓"内在强化"。

回到《使女的故事》，主人公奥芙弗雷德就像一只被困在迷宫里的老鼠，在不完全自由的世界里不断碰壁。

讨好型人格的偏爱？

某平台网友提问：为什么讨好型人格多见于女性？

这个问题本身存在一定的偏见，因为讨好型人格并非女性独有，男性同样也可能展现出讨好模式。有时，为了迎合或讨好其他男性伙伴，男性也不得不刻意表现出不符合本人性格的一面。只不过，男性的讨好行为可能不如女性那般显著或典型，容易被忽视或误解。

讨好型人格女性比讨好型人格男性看上去多，应该与两性的自然属性和人类的社会属性有关。

此外，在传统社会体系中，女性往往被寄予温顺的期望。这种期望，历经数千年，无时无刻不在被父母传递给女儿们。在这种潜移默化的"规范"影响下，许多女性深信，只要始终恪守温良恭顺的原则，就能赢得他人的喜爱与认可。如果表达自己的真实感受或者思想，则有可能引来别人的不满或者非议。

二十世纪女性主义文学先锋伍尔夫在著作《一间自己的房间》里，写下灵魂的意识流文字："因为女性在室内待了几百万年，她们的创造力浸透了墙壁。"

2001年，《半边天》栏目采访了一位农村女性刘小样。她身着一件大红色外套，坐在平原上，周围是漫天飞舞的雪花。

"人人都认为农民，特别是女人不需要有思想，她就做饭，她就洗衣服，她就看孩子，她就做家务，她就干地里活。然后她就去逛逛，她就这些，你说做这些要有什么思想，她不需要有思想。"

"可我不接受这个。"刘小样仰起头说，"我宁可痛苦，我不要麻木。"

之后刘小样离开农村，去往外面的世界闯荡。她辗转多地打工，最终仍选择回归家庭，照顾生病的婆婆。

"我其实是一个太传统的人——我传统的东西根本也揪不掉，新的东西够不着，就是处于这种状态下。"

她无法彻底摆脱社会强加给女性的责任，也无法熄灭内心深处的那份渴望与热情。她被困于农村身份与理想世界之间的夹缝之中，既渴望得到认可与欣赏，又希望挣脱平淡生活的束缚，成就一番不平凡的事业。然而，她始终未能找到合适的机会或具备足够的能力去实现这一愿望。

她徘徊在社会规范与家庭责任的迷宫之中，透过窗棂窥见了广阔世界的斑斓色彩，却终究未能迈出那一步，走出自己的小天地。

女性的人生与事业自由有限度

女性因生育导致人生与事业的黄金时间受到限制。怀孕周期长达十个月，孩子出生后，母亲通常需要花费数月时间进行哺乳，紧接着还需至少三年的精心陪伴，以促进孩子的健康成长。

生育后的女性在精力上有限

有的女性在生育后选择成为全职妈妈，在全身心陪伴孩子成长几年之后，她们若再想重返职场，其难度之大，犹如攀登蜀道。

即便能够顺利回归职场，也往往面临诸多挑战与困境，仿佛一颗西瓜被硬生生地剖成了两半，一半要奉献给工作，另一半则要倾注于家庭，而自己则似乎失去了那份原本属于个人的"瓜瓤"。

女性的心灵不自由

女性在竞争激烈的职场中，为了奋力拼搏需要大量的时间和精力，这往往使得她们面对育儿和工作难以两全其美。"忙得连孩子都没时间管了？你这个妈妈是怎么当的！"这样一句简单的话，就足以让职场妈妈的内心防线瞬间崩塌，她们看似坚固的自我盾牌在此刻显得如此脆弱。

而如果选择成为全职主妇呢？她们可能会面临无法独立的困境，生活状态往往取决于诸多"幸运值"的因素。然而，即便如此全身心地为家庭付出，有时也难免遭遇家人的不理解与轻视，"不赚一分钱"的指责轻易地令她们所有的辛劳与贡献化为乌有，如同尘埃般被轻轻拂去。

女性的这种夹心饼般的境遇，确实让人深感无奈与辛酸，正应了"猪八戒照镜子，里外不是人"那句俗语——无论她们如何选择，都似乎难以得到完全的理解与认同。

迎合和期望的"魔咒"

在女性成长的过程中，她们可能会遭遇来自家庭、学校、社会等多个层面的压力，这些压力往往促使她们不断迎合他人的期望与标准。步入职场与社交场合后，女性更是面临着独有的挑战与考验。为了在竞争激烈的环境中立足或脱颖而出，女性更有可能采取讨好的策略，以期换取所需的资源与机会。

然而，这种长期采取讨好策略的行为，往往会使女性陷入身心俱疲的境地，并陷入日益增长的焦虑情绪。更为严重的是，它可能导致女性逐渐丧失自我价值感，对自己的能力与价值产生怀疑与否定。

请铭记，"迷宫"本身并不可怕，真正可怕的是在其中迷失了自我。

要认识到，"迷宫"虽在，但你拥有打破它的力量。你需要意识到"迷宫"的存在，并勇敢地去适应、去学习、去找到应对之策。你需要深化自我认知，思考自己真正的需求是什么，并不断地学习以提升自己的竞争力；你还可以建立支持网络，寻求他人的帮助和建议；你要勇于走出舒适区，尝试新事物，结交新朋友，拓展新的人际关系。

事实上，每一个"迷宫"都离不开自己意念的强化。当你真正认清自我时，你就能意识到"迷宫"的存在，就拥有了离开的力量。

愿你能看破"迷宫"，探索和寻找人生中各种各样的精彩；愿你能站在人生的旷野，感受四面八方的微风吹拂；愿你做你喜欢和想做的事情，并且从中获得价值感；愿你成为生命的勇者，无需讨好，自在生活。

被规训出来的讨好模式

很小的时候，我在家乡的戏台前看过花木兰的故事。

厚实的黄土在大地上夯实成一个长方形的舞台，上面矗立着四根圆柱，长方形左侧是戏曲演员出场区，有一个绿色的厚厚的幕布做一些似有似无的遮挡。右侧是吹、拉、弹的天地，磅礴的旋律从右侧吹向戏曲演员，使得唱腔格外嘹亮。

儿时的我坐在台下的石条墩子上，蒲草席听话地把我的屁股和清冷的石头隔开。

"刘大哥讲话，理太偏，谁说女子享清闲？男子打仗到边关，女子纺织在家园。白天去种地，夜晚来纺棉，不分昼夜辛勤把活干，将士们才能有这吃和穿。你要不相信呐，请往这身上看，咱们的鞋和袜，还有衣和衫，千针万线可都是她们连呐。"

我小小的手掌拍得通红："好听！真好听！"

"有许多女英雄，也把功劳建，为国杀敌是代代出英贤！这女子们，哪一点儿不如儿男呐？啊啊啊啊啊（一声三声二声四声三声）。"

"谁说女子不如男"这句话，像小印章似的，印在我小小的脑门上。

后来，我从语文课本中读到《木兰辞》中的"唧唧复唧唧，木兰当户织。不闻机杼声，唯闻女叹息……"完整地了解了花木兰的故事。

花木兰做出代父出征的决定后，就马上着手"东市买骏马，西市买鞍鞯，南市买辔头，北市买长鞭"。

跟随大队伍骑马狂奔的花木兰刚到黄河边就想家了："暮宿黄河边，不闻爷娘唤女声，但闻黄河流水鸣溅溅"。

花木兰"万里赴戎机"后"归来见天子"，这个天子就是北魏的皇帝。

天子赏赐了花木兰很多东西，问她想不想做官。她说不想做官，只想回家。

花木兰自然是不敢做官的，因为这十二年来，她一直是以男人的身份活着，以至于"火伴皆惊忙：同行十二年，不知木兰是女郎"。

女性的牺牲和奉献

作为一个古代文学作品中虚构出来的理想人物，木兰所象征的文化意义主要在于她对家庭的牺牲与无私奉献。她保护了父亲，照顾了家庭，之后立了战功，却不愿做官，也不敢做官，只能再度回归家庭。

事实上，无论古今中外，在众多国家和地区的文化中，女性普遍被赋予了照顾者的角色。在她们的成长过程中，女孩子常常被教育要关心他人、体贴入微并承担起照顾的责任。

有一些研究表明，女性在某些方面展现出更强的共情能力。

然而，优先考虑他人并不意味着要忽视自己的需求。相反，在关爱他人的同时，要先照顾好自己，这样才能平衡内心的需求和外界的期望，既不会失去自我，又不会显得冷漠无情。

你看过转碟子的杂技表演吗？杂技演员用一根长约一米、粗细与铅笔相仿的竹竿，顶着碟子的底部，并不断地摇晃竹竿以调整平衡，使碟子能够持续旋转而不坠落。

女性讨好者仿佛转碟子的杂技演员，她们不仅需承担家务琐事、负责日常采购、细心照料孩子，还要兼顾工作、维护社交关系，以及妥善处理与公婆、父母之间的关系。她们不停地旋转于这些责任之间，一颗心同时操持着诸多事务。然而，只要任何一个"碟子"失衡或破碎，她们便可能感到自己失败了。

我时常听到许多女性描述自己有讨好型人格，她们在人际交往中常常害怕拒绝他人，倾向于满足他人的期待，即使这意味着要委屈自己。这种性格特征让她们感到自己性格怯懦、缺乏主见。

对女孩有着不同于男孩的期待

思琦自幼便被塑造成了讨好型人格。在她家中，食物分配总是遵循着不成文的"一九原则"——她得其一，她的弟弟享其九，生活中的大小事务也都得迁就弟弟。

譬如，每当弟弟想看动画片时，她只能默默退到一旁，而自己对电视剧的渴望，只能趁弟弟不在时偷偷满足。若与弟弟发生争执，无论谁是谁非，母亲先责备的总是她。在她的记忆中最为委屈的一次是，两人争吵时，弟弟竟拿起凳子向她砸来，她只能无助地哭泣，因为深知不能还手，只能尽量避免激怒弟弟，以免招来更多的不快。思琦在外人面前仿佛弟弟的影子，总是迎合他的意愿，但内心却充满了不满。

妈妈对思琦还好一些，父亲与奶奶则显得尤为重男轻女。在她年幼时，无论她做了什么，等待她的总是严厉的惩罚。

几十年过去了，思琦发现自己仍在不自觉地委屈自己，以满足他人的期望。当想到可能让他人失望时，她便会陷入深深的愧疚与不安之中。她清晰地认识到这种做法的不妥，却仿佛被无形的枷锁束缚，难以挣脱。

　　思琦的原生家庭对她产生了深远的影响，这种影响在她成长的道路上如影随形。她逐渐形成了顺从、随和的性格，常常为了迎合他人的需求而委屈自己。这种习惯，就像是从她童年时期延续至今的一种本能，让她在人际交往中总是不自觉地将他人的需求置于首位。然而，这种牺牲与迎合并未给她带来内心的满足与安宁，反而让她在内心深处始终感到一种难以言喻的不适与压抑。

　　你或许和思琦一样，时常在思考自己是否有什么地方不对劲。下班后，你可能只想回家看看电影、打打游戏，对参加聚餐和应酬提不起兴趣；你或许总是按照家人的期望行事和做选择；面对他人的请求，哪怕内心并不愿意，也可能因为不好意思而难以拒绝；你可能太过在意他人的评价，以至于忘记了对自己好一点。

　　女孩从小就被父母和老师期待更懂事、更听话，长大之后要善良和体贴。男孩发脾气是勇敢，女孩发脾气则是蛮横。男孩拒绝别人会被评价为有魄力，女孩拒绝别人则会被说小气、斤斤计较。在职场中，男孩争取会被认为有上进心，女孩争取则会被定义为有野心。

　　回顾一下你在成长过程中所接触到的关于性别的规范和教导：你家中的女性通常扮演着怎样的角色或展现出什么样的形象？在你的记忆中，是否存在某些被明确告知女孩不能拥有或不能做的事情？这些限制是否也适用于男孩？

　　有些女性在认识到自己存在讨好他人的行为模式后，尝试去修正或调整这一模式时，不可避免地会遇到挫折或困难。当她们在面对这些挑战感到力不从心时，往往会对自己产生失望情绪，进而认为自己不够好。这是一个值得关注的情感过程，即如何在挫折中寻找自我肯定，如何在困境中寻找自我宽恕。

有位作家说："女性总是特别容易把一些事情，尤其是不好的事情，归因到自己身上，觉得是自己不好。"我深以为然。

偏见就像一座大山

普遍存在于文化中的偏见，不应该由个人承担。

偏见如同一副有色眼镜，它无形中扭曲了我们观察他人的视角，对我们的认知产生了深远的影响。这种影响往往是不自觉的，却能在我们与他人交往的过程中，悄然改变我们的判断和行为。

女性在追求个人的人生目标和规划未来生活方式时，首要的是应当关注并优先考虑自己的内心需求和愿望，而非盲目迎合他人的期望。这是一种对自我生命负责的积极态度。

在这条路上，我们可能找不到现成的榜样或明确的标准作为指引，同时还会面临他人的不理解、质疑甚至反对。然而，正是这种敢于面对自我、探索未知和对生命负责的态度，彰显了生命的活力和真谛。

同时，应当认识到，女性的敌人不是男性，而是社会中的性别偏见。

性别偏见对男性同样有深远的影响，比如，社会文化中，普遍期待男性要成功、要有魄力。如果不能达到这样的要求，就可能被贴上"缺乏责任感""懦弱"的标签。

允许自己"小题大做"

许多女性讨好者常觉得自己应当处事得体，避免给他人带来不便。然而，生活中总会有突如其来的变故，比如计划好的出游却因暴雨而泡汤，预定的机票需要改签，或是老板布置任务后自己却患了重感冒。大部分事情都可以重新规划，得到补救，或是简单一句抱歉就能解决。

你有权改变主意，请允许自己这样做。

这绝非小题大做，而只是生活中的正常变动。尝试深入了解自己的内心世界，关键在于接纳并珍视自己那些独特的乐趣与喜好，哪怕它们与众不同。当遭遇他人的不解或拒绝时，这其实是讨好型人格开始学会取悦自己、关注自我需求的重要转折点。这样的转变标志着从追求外在认可转向追求内在满足，是个人成长和自我接纳的核心过程。

我非常喜欢 1998 年上映的迪士尼动画电影《花木兰》。这部影片深刻描绘了木兰这一角色如何对传统"三从四德"的观念产生困惑，并渴望突破社会强加给她的限制，以追求真实的自我。在不懈地追寻过程中，木兰勇敢地表达了她的心声："或许我并不是单纯地为了父亲，也不仅仅是为了尽孝，我所渴望的，仅仅是证明自己的实力。当我站在镜子前，我希望看到的是一位英勇无畏的女战士。"花木兰没有被现实条件禁锢，而是勇敢地争取和探索，她用自己的行动诠释了追求自我价值与自由的意义。

自我认同尊重，是不讨好他人、学会欣赏自我的重要内核。

心有猛虎，细嗅蔷薇

你听过《女人是老虎》这首歌吗？

这首歌旋律独特，给人一种"叮叮当当"的欢快碰撞感，而歌词更是充满了幽默与诙谐。

小和尚下山去化斋，老和尚有交代，

山下的女人是老虎，遇见了千万要躲开。

走过了一村又一寨，小和尚暗思揣：

为什么老虎不吃人？模样还挺可爱。

老和尚悄悄告徒弟，这样的老虎最呀最厉害。

小和尚吓得赶紧跑，师父呀，呀呀呀呀，怪怪怪，

老虎已闯进我的心里来。

这首歌的歌词取材于清代袁枚的《子不语·沙弥思老虎》。

说是五台山某位禅师，收了一个三岁的小沙弥。

师徒两个人呢，就在山顶修行，小沙弥从来没有下过山。

过了十多年，有一天，师徒俩一起下山，小沙弥看见牛啊，马啊，鸡啊，狗啊，一个都不认识。

于是，师父就指着动物跟他说："这是牛，牛能耕田。""这是马，可以骑马代步。""这是鸡和狗，鸡能早上报晓，狗能看家。"

小沙弥频频点头，一个一个记下来。

不一会儿，一个少女从远处走来，沙弥惊讶地问："这又是什么？"

禅师怕他动了凡心，就义正词严地告诉他："这个啊，是老虎，人一接近啊，就会被咬死，连尸骨都不存呢！"

小沙弥又点头，记了下来。

到了晚上，禅师问小徒儿："你今天在山下看见的东西，有没有一直想着的啊？"

小沙弥说："所有的东西我都不想，我只想着那吃人的老虎，心里好像总舍不得。"

无独有偶，薄伽丘的《十日谈》也记载了类似的故事，只不过在这个故事里，女人是绿鹅。

从前，城里有个男子，叫腓力·巴杜奇。他虽然出身微贱，却很有钱，也懂得安身立命的道理。

腓力·巴杜奇和妻子互相体贴，从来没有红过脸，后来太太去世了，给他留了一个两岁的儿子。

爱妻的去世让腓力·巴杜奇生无可恋，他决定带着儿子去修行。

他带着儿子来到了阿西拿伊奥山，找了一间小房子，住了下来，靠斋戒和祈祷过日子。

他看着儿子一天一天长大，就十分小心，不给他提世俗的事，担心动摇儿子修行的心。他只教给儿子诵读神圣的祈祷词这一类事。

就这样，父子俩在山上一住好多年，那孩子从来没有离开过小房子，除了爸爸，也没有见过其他人。

时光流转，腓力·巴杜奇老了，儿子也已经十八岁了。

有一天，儿子央求爸爸带他去佛罗伦萨，认识下他的朋友和其他信徒。

腓力·巴杜奇心想孩子也大了，便决定带他同行。

在佛罗伦萨，小伙子看到了全城的宫殿、住宅、教堂等建筑，由于他从未见过这些，所以感到非常惊奇。他不停地问爸爸："这是什么？那又是什么？"

爸爸一一给他解释，凑巧的是他们遇到一队穿着华丽的漂亮姑娘，她们刚刚参加完婚礼。

小伙子一看见她们，就问爸爸她们是什么。

爸爸回答："我的孩子，快低头看着地面，不要瞧她们，她们不是好东西。"

小伙子又问："她们到底叫什么？"

腓力·巴杜奇担心会引发小伙子的欲想，只好说："她们是绿鹅。"

小伙子没见过这样奇妙的东西，于是对宫殿、房屋、马、驴都没什么兴趣了，他脱口而出："爸爸，您让我带一只绿鹅回去吧！"

《子不语》是清代袁枚撰写的一部文言短篇小说集，大约在1788年前创作完成。《十日谈》是意大利文艺复兴运动代表、人文主义作家乔万尼·薄伽丘的代表作，创作于1350年至1353年。

这两个带有寓言性质的故事前后相差四百余年，一方面反映出对人性的禁锢和压制，大多是徒劳无功的；另一方面也涉及女性被异化的问题。

宁做"大老虎"，不做讨好者

如果让我在上述两个故事中选择一种动物作为我的形象，我会选择老虎。

老虎，作为哺乳纲的大型猫科动物，天生就散发着威严与魅力，它象征着力量、勇气与独立。

一个男性如果娶到性格较为强势的妻子，她有时会被戏称为"母老虎"。这个词暗含了凶猛、不易亲近的刻板印象，并传达了对这个男士的婚姻状况的同情。

老虎，是令人敬畏的动物。自古以来，这种强大又神秘的动物是各类传说的核心角色。

在纪录片《地球脉动》中，老虎的吼声是最震撼人心的声音。在这个故事里，老虎代表了内心深处的勇气和智慧。

你见过老虎追捕猎物吗？王者的眼神锁定猎物，毫不畏惧地追逐，撕咬，直到成功为止。

它是猛兽。

"In me the tiger sniffs the rose.（心有猛虎，细嗅蔷薇。）"

这是英国诗人西格里夫·萨松的代表作《于我，过去，现在以及未来》中的经典诗句。

这句话寓意深远，意指即便是拥有强大内心和雄心壮志的人，也会有细腻敏感、欣赏美好温柔事物的一面。它传达了人性中复杂而多元的特点，即力量与柔情并存，宏大与细微相济。

你可以选择做一只"老虎"，把爪牙磨得锋利，面对目标勇敢地去追，不畏惧他人的评价和眼光。

我们可以尝试将讨好型人格与老虎的特性进行类比，尽管这种比较可能显得有些非传统。讨好型人格往往倾向于迎合与顺从他人，以取悦他人为主要行为动机；而老虎，作为自然界中的强者，则象征着力量、勇气与自信，它们独立自主，不受制于他人的意志。

若你"心有猛虎"，你会收到信念带给你的礼物。

你不再畏惧，面对挑战敢为自己的权利和愿望发声。你也不会轻易妥协，内心笃定且有力。你坚持自己的立场和原则，不再像受惊的兔子一样害怕和不知所措。

你会更独立、更自信。

你将以有力的爪牙守护着每一寸属于自己的领地，力量是你最坚实的后盾和自信的源泉。而这个时候，你展现出的温柔将不再是讨好模式，而如心中的猛虎在细嗅蔷薇。人们会佩服你的强大，并夸赞你的温柔。

停止讨好型人格的负回路

在一次采访中，当问及马斯克人生中最大的挑战是什么，他出乎意料地回答说："尽管我的目标之一是登上火星，但真正的挑战却是维持一个有效的自我纠错回路。"

这个回答很令人费解，毕竟马斯克这么聪明，难道纠正自己的错误，比登陆火星还难吗？自我纠错会比实现太空探险更为艰难吗？

我们来了解下他所说的"纠错回路"。

简单来说，"纠错回路"就是你做一件事的时候，你不知道这个方法是对还是错，那就试一试。结果好的话就继续用，结果不好就换个方法，并保持这个循环。

回路有正循环和负循环的区别。

常见的负循环如：有个人决定要减肥，坚持了两天后发现饿得受不了，于是忍不住吃多了，过了几天发现又长胖了，于是他再次决定要减肥……

事情在运转的过程中，好像总是兜兜转转又回到了原点，这就是回路。

打个比方，回路是一条首尾衔接的路，围绕着负回路一直跑，会让自己越来越陷入困境；如果跑的是一条正回路，我们会越走越顺，越走越好。

卡耐基在《人性的弱点》一书中写道：

已故的马休·布拉许还在华尔街40号美国国际公司担任总裁的时候，我曾问过他是否很在意别人的批评。他回答说："是的，早年我对这种事情非常敏感。当时我急于使公司的每个人都认为我是十全十美的。如果他们不这样认为的话，就会使我感到忧虑。只要某个人对我稍有怨言，我就会想方设法地取悦他。可是我讨好他，总会使另外一个人生气。等我再想要满足另一个人的时候，又会惹恼其他人。最终，我发现越想讨好别人，以避免别人对我的批评，我的敌人就越多。所以我对自己说："只要你出类拔萃，你就一定会遭到批评，所以还是早点习惯为好。"这对我大有帮助。从此以后，我就决定尽我最大的努力去做我认为对的事，而把我那把破伞收起来，让批评我的雨水从我身上流下去，而不是滴进我的脖子里。"

讨好型人格者常常会陷入一个循环：他们越渴望得到认可，就越努力地去讨好他人；然而，越是讨好，他们往往越感到自己并未得到真正的满足；这种不满足感又促使他们更加迫切地去讨好，从而形成了一个不断乞求和失去的循环回路。

日本作家太宰治在小说《人间失格》里说："我的不幸，恰恰在于我缺乏拒绝的能力，我害怕一旦拒绝别人，便会在彼此心里留下永远无法愈合的裂痕。"

我认识一位自媒体博主，他在业余时间写的文章非常出彩，也因此赚了不少钱，后来他决定从公司辞职，全职从事自媒体。然而，全职与兼职的心态截然不同，他开始格外关注数据表现和粉丝反馈，并努力满足粉丝的各种需求。原本以为，以粉丝需求为导向，事业能够蒸蒸日上，但结果却出乎意料，他越是努力讨好读者，读者似乎越不买账。

我曾问他："老兄，最近咋回事？看起来有点儿颓废啊！"他说："别提了，越想要啥越要不到啥，愁。"我随口说："你还不如就跟以前一样，爱写啥就写啥呢，什么数据、涨粉先别管了。"他瞪大眼睛，说："对啊！你这么一说，我突然开窍了，辞职之后我就是太在乎粉丝想要什么了，写的东西也不是我擅长和喜欢的。"

停止负回路的方法就是把一部分注意力拉回到自己身上。

比如，当你想知道别人在想什么时，不妨先反思一下自己在想些什么；当你渴望得到别人的认可时，先静下心来思考一下自己的优点；当你想要为别人考虑时，也请先确保你已充分考虑了自己的感受和需求。

锻炼一段时间，你的注意力会更多集中在自己身上。

停止负回路，告别讨好型人格，是一场内心的修行。它要求我们在纷扰复杂的世界中，保持头脑的清醒，学会倾听内心的声音，勇敢地走出属于自己的道路。只有这样，我们才能真正实现自我成长与超越，成为那不畏风雨、勇往直前的"老虎"。

拜拜，"被认同"

我们出于本能地想要得到他人的认可和喜爱。

电影《黑天鹅》讲述了一名芭蕾舞者妮娜成长的故事。

妮娜从小学习芭蕾，在妈妈的严格管教下长大，每一天，她的日程几乎被练习芭蕾所填满。

妮娜的母亲曾经是一名芭蕾舞演员，因此对妮娜的要求尤为苛刻。每当妮娜的表现未达到她的期望时，母亲便会提及"当初我为了生下你，放弃了自己的舞蹈梦想……"，这番话让妮娜内心充满了深深的自责与内疚。

妈妈总是控制着妮娜，尽管妮娜已经二十八岁了。

妈妈一直期望妮娜能成为主角，演绎她心中经典的《天鹅湖》，而这个机会终于到来了。

不过，新的挑战是妮娜要一人分饰两角：白天鹅和黑天鹅。

白天鹅的角色对妮娜而言游刃有余，她自幼乖巧听话，演绎得自然且美好。然而，面对黑天鹅所需的邪恶与暗黑特质，妮娜却迟迟无法找到表演的窍门。

为了争取到饰演黑天鹅的机会，获得长久以来梦寐以求的认可与完美，妮娜开始尝试反抗母亲的严格管束，只为探索自己内心深处的黑暗面。

渐渐地，妮娜产生幻觉，这些幻觉逐渐加剧，幻想出导演托马斯决定让一位名叫莉莉（实际上是她自己内心的阴影投射）的舞者来饰演黑天鹅，最终导致了她的双重人格。

在最终的演出中，妮娜以惊人的表现力诠释了"天鹅女皇"这一角色，赢得了观众的喝彩。然而，演出结束后，她发现自己在幻觉中杀死了莉莉。

为什么妮娜会精神分裂？她明明那么优秀，有扎实的芭蕾功底、精湛的表演水平。

是这样的，生活里有些人明明很优秀，闪闪发光，但是一直不自信。

他们不断地追问自己：我优秀吗？我表现得好吗？我可以吗？

他们可能认为：我还不够好，我不行，内心强烈地需要他人的认同。

什么是自我认同？

自我认同，又称"自我同一性"。这一心理概念由心理学家爱利克·埃里克森提出，是个体关于自己是谁、要朝哪个方向发展的认识，是对于过去、现在、未来的一个自我整合。

我们可以把自我认同比作画像，每个人下意识地去看心里的这幅画的时候，都会受到强烈的影响。

国外有一个著名的社会心理实验。实验先邀请了一些女士，又邀请了这些女士的亲友，然后邀请了一些专业绘画师。实验的第一步是让邀请的这些女士对自己的外貌进行描述。绘画师根据她的表达，画出她的素描肖像。

实验的第二步是让女士的亲友描述她的外貌。绘画师根据亲友的描述，再画一幅她的素描肖像。最后得到了这些女士各两份的肖像。

然后，用这些画布置了一个展览，邀请这些女士去看自己描述的自己外貌的画和亲友描述的她外貌的画，有什么不同。

她们基本上都被两幅画的对比惊呆了，还有人当场流泪。因为她们发现，自己描述的肖像画往往都没有亲友描述的肖像画好看。

自己在描述自己时，更多的是把自己的缺点放大，把优点缩小。

"在我微笑的时候，嘴巴有点凸。""我的脸又圆又胖。""我年纪越大，脸上的雀斑就越来越多。"

就好像自卑的人，看着自画像中的自己，总会觉得自己不如大多数人那般优秀；自大的人，在自画像中看到自己，则会觉得自己比一般人强出许多；自恋的人，会将自己画得异常完美，因此常常夸大自己的美好一面；至于自我厌恶的人，则过度不喜欢自画像中的自己，导致生活态度变得十分消极。

由于对自己的不认同，许多人便转向外部寻求认同，然而，过度地寻求外部认同，实际上是在为自己挖掘一个深不见底的坑。这样的行为不仅无法真正解决内心的困扰，反而可能加剧自我认同的危机。

评价来源于个体的价值观

苏东坡和高僧佛印有这样一个故事。

有一次，苏东坡和佛印禅师坐在一起打坐参禅，苏东坡看着佛印一动不动，想要逗他。于是苏东坡开口问道："大和尚，你看我坐在这里像什么？"佛印禅师头也不回地回答说："我看你坐在那里像一尊佛。"

不一会儿，佛印禅师反问苏东坡："你看我坐着像什么？"

苏东坡毫不考虑地回答："你看起来像一堆牛粪！"

佛印禅师微微一笑，双手合十说声："阿弥陀佛！"

苏东坡回家后，很得意地向妹妹炫耀："今天总算占了佛印禅师的上风。"

苏小妹听完后，却不以为然地说："哥哥，你今天输得最惨！因为佛印禅师心中全是佛，所以看众生是佛，而你心里尽是污秽不净，竟然把佛印禅师看成牛粪，这不是输得很惨吗？"

这个故事，就像"一千个人眼里有一千个哈姆雷特"，每个人都能从中悟出自己的道来。

评价来源于个体的价值观，就如同苏东坡将佛印比作牛粪，这仅仅是基于苏东坡个人的思想和观念，并不能直接反映或决定佛印的真实价值。

同理，你评价别人的内容，也是出自你的价值观。

有作家说："你对我的百般注解和识读，并不构成万分之一的我，却是一览无余的你。"

总有人讨厌你，也总有人喜欢你，因此，最重要的是做你自己。

接纳自己的不完美

每个人都有着独特的长处和闪光点，但同时也会伴随着不完美之处。重要的是，我们要学会欣赏并珍视自己的长处，同时也要勇敢地接纳自己的不完美。因为正是这些不完美，构成了我们独一无二的个性与魅力。

当你凝视着那幅由他人绘制的"肖像画"时，不妨在欣赏自己美好一面的同时，也温柔地拥抱那些不完美之处。正是这些不完美，让你成了一个更加真实、立体且充满可能性的自己。勇敢地接纳它们吧，因为它们也是你生命中不可或缺的一部分。

引入多元化价值观

生活如同调色盘般丰富多彩，他人的认可或不认可，仅仅是众多色彩中的一抹，远远不能定义你的全部。你有权利去体验那些触动你心灵的活动与事物，多给予自己正面的肯定与夸奖，在自我成长的道路上慢慢蜕变。

社交的深层意义，在于寻找那些与我们的心灵共鸣的同类。在这一过程中，我们追求的不仅仅是表面的相似，更是内心深处那份深刻而真挚的认同感。比如，热爱读书的人汇聚于读书会，那份对知识的渴望与对好书的热爱，让彼此间产生了深深的共鸣与认同。

然而，值得注意的是，若过度追求认同感，可能会陷入一个恶性循环：

求认同——迷失自我——再求认同。

在这个强调个性与自我的时代，许多人误将"找自己"的过程等同于追求他人的认同与期待，却忽略了真正的自我探索与成长。

但是，你无法通过取悦他人来成为真正的自己。真正的自我，源自对自我优势与内心需求的深刻认识与接纳。

因此，不妨与"被认同"说"再见"吧，转而专注于自己的优势和内心需求。走好自己的路，让内心的光芒引领你前行。

配得感低会自证预言

配得感是个体对于自身值得拥有好事物、好机会的一种内在感受与信念。当一个人的配得感较低时，他往往会受到自证预言的影响，因为内心的"我不配"的声音而频繁地错失生命中的各种良机。

读中学时，班上有一位不起眼的女生，长相普通，成绩普通，性格有点唯唯诺诺的。有一次她的日记本不小心掉在地上，翻开的那一页写着一首小诗。我正好路过，便伸手捡起来，无意间瞥见那首小诗，瞬间被其吸引。

"写得很好啊！"我大声夸奖她。那首小诗真的灵气十足。

她满脸通红地接过日记本，羞涩地埋头趴在桌上，没有回应。

后来我劝她参加学校组织的诗会，向杂志社投稿。她内心是向往的，可是每次鼓起勇气想参与时，又因为羞怯、害怕而放弃了。

放弃的理由是：有那么多优秀的人，都比我写得好，我不会被选上的。

很多年以后，工作多年的我回到家乡偶遇她。这时的她带着两个孩子，和丈夫一起经营一家很小的店，已成为一个极其普通的小镇妇人，性格依然有些怯懦。

我问她："你还写诗吗？"她摇头，眼里的光暗淡下去，轻声说："早就不写了。"

我这位同学就是配得感较低的典型。当一个人的配得感较低，加之自我价值感也处于低位时，这种双重影响往往会导致其表现出一种畏畏缩缩的态度。因为觉得自己不配拥有，便不敢去争取。于是，便真的错失拥有。

在此，我想对那些正在经历类似困扰的朋友们说："你值得拥有。"是的，你本身就很有价值，不要因为内心的"不配"的声音而错过生命中的美好。

自我价值感

不知你是否听说过"自我价值感"这个心理学名词。

它是一种主观的，源于自己内心的感觉和自我评价。简单来说，就是自爱、自信、高自尊。

假设自我价值是一杆秤，那配得感就是秤砣。

在现代社会，消费主义对许多人的价值观念产生了不小的影响，导致有些人倾向于以成就或金钱作为衡量自我价值的标尺。

追求自我超越与卓越，本身并无过错，它是推动个人成长和社会进步的重要动力。然而，当我们将成就、财产等外在因素与自我价值紧密绑定时，便容易陷入"有条件的自我接纳"的误区，即认为只有达到特定条件（如高收入、高职位、高学历、拥有奢侈品或特定体形）时，自己才是有价值的。

然而，我们必须清醒地看到，这些外在条件并非永恒不变的。财富的积累可能受市场波动影响，职位的晋升伴随竞争与变动，学术成就需持续努力方能获得，豪车的更新换代永无止境，而身体的健康与状态亦非人力所能完全掌控的。

面对"性格唯唯诺诺"的困扰，网络上涌现了大量真实的故事与实用的建议。这些分享不仅反映了不同个体的经历与感悟，也提供了多样化的解决方案。例如，鼓励自我接纳与容错，培养坚定的眼神与自信的姿态，在人际交往中保持不卑不亢的态度，以及通过整体气质的提升来增强自信。这些建议均旨在帮助个体摆脱外在条件的束缚，实现更加健康、全面的自我价值认知。

这些年里，我对自我价值感的体会日益深刻。回顾过去的人生，自参加工作以来，我几乎未曾间断过工作的步伐。自结婚成家以来，我也从未停止过为家庭付出。

多年来，我就像一名马拉松选手，一直在不断地奔跑，仿佛一旦停下，就会失去什么重要的东西。

总觉得，我得有用才行，不工作就没用了，不付出就没用了。

岁月的年轮将我带到自我的镜子前，我才发现，我可以"没有用"。

我的存在本身就有价值。

存在本身就是值得被肯定的，存在是自然的选择，是进化的承认。

请你一定要知道，你并不是因为做了什么事才有价值，你什么也不做，依然有价值。

你可以奋斗，也可以松弛，亦可以躺平，唯独不需要再放低姿态，去别人那里要价值。

你是无价之宝，在你存在那一刻已经确定。

遇到他人的恶意要学会反击

通常我们与他人相处时，会感到快乐或痛苦，还会收到毫无缘由的恶意。

李可新入职了一家公司的运营部，不久之后，一个名叫王娟的女领导空降至此。王娟以雷厉风行的作风著称，对业务抓得非常紧。李可则性格温和，但也有着自己的原则和棱角。然而，好景不长，两人因业务上的分歧发生了争执。幸运的是，在总监的介入下，这场争执并未演变成更激烈的冲突。

两周后，李可决定申请转岗，离开了王娟的部门。但随后，办公室里开始流传起关于李可的种种不实言论，说她工作不认真、不踏实，还爱去领导那里告状，搞得整个办公室人心惶惶，同事们看李可的眼神都变得复杂起来。

对于这些流言蜚语，李可显得非常坦然。她清楚地知道，自己转岗仅仅是因为与王娟在工作方式上存在无法调和的矛盾，而并非如流言所传。至于告状之事，更是无稽之谈，李可对此嗤之以鼻。

然而，人言可畏，即便李可再怎么坦然自若，也无法完全抵挡住这些流言的影响。总监最终还是找到了李可，提醒她要注意与同事的关系，尽量保持友好相处。

李可心中充满了疑惑和不解，她不明白这些流言到底是从何而来的。直到后来，她才得知这一切都是王娟在背后操纵的。王娟性格凌厉，喜欢掌控一切，作为空降领导，她更加担心自己无法服众，会受到老板的责难。因此，当面对李可的"反抗"时，她毫不犹豫地选择了散布流言这种卑劣的手段。

面对这样的情况，李可选择了沉默和离开。她不想再为这些无端的恶意争辩什么，也不想再留在这个充满是非的地方。于是，她果断地跳槽到了另一家公司。

其实，生活中充满了未知和变数，我们永远不知道那些无端的恶意会从何处而来。

复杂的人性

人性很复杂。东野圭吾说过："世界上有两种东西不能直视——一是太阳，二是人心。直视太阳会损伤视力，直视人心会讨厌人类。"

东野圭吾的《恶意》讲述了一对好朋友日高和野野口修的故事。畅销书作家日高被杀，他的朋友野野口修进入调查视线。

经过抽丝剥茧，反转再反转，才发现最大的恶意不是杀了你，而是毁了你。

虽然我在故事开篇便隐约预见了结局，但内心仍不禁感慨人性的复杂多面。转念一想，这或许正是人心真实的写照。在生活的细微之处，恶意往往以不易察觉的方式潜伏，它可能藏匿于那些阴阳怪气的言辞之间、故意刁难的行为背后，或是时间流逝后留下的遗憾之中。

以友谊为例，当一方停止了对另一方的过度讨好，后者可能会突然感到不适，认为对方"变了"，变得不再如往昔那般容易相处，甚至可能因此产生强烈的反应，对曾经的友人发起攻击。这种转变，反映了人们在关系中的期待与依赖，以及当这种平衡被打破时的复杂情感。

同时，我们也要认识到，人的外表与内心往往并非完全一致的。有时，那些表面上看起来和善的人，可能隐藏着不为人知的另一面。这种时候，我们的潜意识或许比理智更早地察觉到了某些不对劲的地方。

因此，相信自己的直觉，对于让自己感到不舒服的人或事保持警惕。当莫名其妙的恶意靠近你时，你也不能坐以待毙。

可以尝试遵循以下原则。

第一个原则，认识人性

人性是复杂的。人性中有好有坏，有弱有强，有爱有恨。

莫言说："人性的丑陋就是，在无权、无势、善良的人身上挑毛病，在有权、有势、缺德的人身上找优点。"

李明刚大学毕业，便踏入职场，成为一家公司的新员工。与他同时期加入的还有另一个同事，名叫张力。在工作中，李明保持着大学生的纯真与热情，将张力视为挚友，对外交流时也常常称赞张力的勤奋与进取心。

然而，一次偶然的机会，李明在前往部门总监办公室签文件时，发现总监不在，而电脑屏幕上弹出的聊天框里，张力正对总监发表着关于李明的尖锐评论。言辞间充满了对李明工作能力与态度的质疑，甚至还夹杂着一些无端的指责。

这让李明大为震惊，因为他自问从未与张力有过节，甚至一直对他颇为关照。这突如其来的负面评价让他困惑不解，他不明白为何在张力的眼中，自己竟成了另一番模样。

此事让李明陷入了深深的自我怀疑与内心消耗之中，他开始质疑自己的工作表现，甚至开始怀疑自己的职业选择。那段时间，李明的心情一直很低落，他不知道该如何面对这样的评价，更不知道如何调整自己的心态。

内耗让他的心理压力越来越大，最终，他选择了主动离职。

直到一年后，李明才从之前的同事口中得知，由于他工作热情高涨，深受领导赏识，这引起了张力的嫉妒，从而处心积虑地排挤他。

这次经历让李明深刻体会到了人性的复杂。因为每个人都会出于自己的利益去行事，我们很难预知何时何地会因为何事触碰到他人的利益。但不管如何，我们都要学会保持理性，不被他人的片面之词所左右，坚守自己的价值与信念。

第二个原则，学会反击

菩萨低眉和金刚怒目都是慈悲。

在遭遇伤害时，若无法及时有效地做出回应，久而久之，这种负面情绪可能会转而向内，伤害自己。因此，我的建议是，在遭遇语言攻击时，应当适时地、恰当地进行反击，以保护自己免受进一步的伤害。

不要害怕丢脸或失败，面对不中听的话，勇敢地回应，逐渐地，你会学会如何有效地保护自己，不再默默承受恶意。

第三个原则，"三十六计走为上"

有个很有意思的现象：如果你在竹篓里放一只螃蟹，必须盖盖子，不然它就会爬出来。但如果是一群螃蟹，就不用了。因为当一只螃蟹爬呀爬，靠近竹篓口时，其他的螃蟹会用大钳子把它拖下来，然后会有另一只螃蟹踩着它往上爬。就这样反复循环，最后大概率是没有一只螃蟹能顺利逃跑。

这就是"螃蟹定律"。

在某些群体中，人们似乎倾向于通过踩踏他人来巩固彼此间的关系，形成一种不健康的竞争氛围。有些人难以容忍他人的成功与进步，每当有人跃上新的台阶或获得晋升时，他们便心生嫉妒，甚至不惜暗中使绊子。然而，无论是出于嫉妒还是自保的动机，他们都忽视了一个重要的事实：利他往往也是利己。

我们要远离负能量的人，靠近正能量的人，靠近那些能够传递正能量、激发我们潜力的伙伴。

在人生的旅途中，保持一颗赤诚的心，乐于助人，彼此成就，不仅能够为自己赢得尊重与友谊，更能在不经意间开辟出一条通往成功的可行之路。

第五章

幸福来源于自己
内心的感知，
而不是与他人的关系

感受那些感受

两个月前，我在家里增添了十枝富贵竹。不久后，我注意到自己发生了一些变化。

这十枝富贵竹是我在一个阴冷而平常的冬日里，偶然在菜市场购买的。那天，我带着孩子前往市场，主要是为了采购家人爱吃的蔬菜。

跟熙攘吆喝的菜贩相比，花室的老板躺在躺椅上晒着太阳，像在小憩。听到我们询问富贵竹怎么卖时，他才懒洋洋地抬起头来。愉快的交易之后，他的脸上流露出一丝不易察觉的担忧，因为冬天富贵竹生根较为困难，而若是不出根，则意味着它们可能难以存活。

花室老板说："每三天给竹子换一次水，一个月后长根就可以了。"

此后的日子里，每当我给富贵竹换水，总是会一面思忖着"到底什么时候会长根"，一面观察它们的状态。

就这样，我对富贵竹的成长与凋萎更加敏感。也许正是因为每天的观察，富贵竹的微小变化都逃不过我的双眼。

在开窗或打扫的时候，富贵竹总会映入我的眼帘。

那片叶子变黄了，需要裁剪掉，否则整枝可能就会坏掉；那枝根部有一点点凸起，终于要长根了吗？

在很长的一段日子里，我密切观察着这种植物，对它的色泽和质感有着深刻的感受。

三十天过去了，富贵竹的根依然倔强地保持着光秃秃的状态，没有长出任何根系。

孩子总问我："妈妈，它什么时候长根？"

"耐心点儿，总会长的。"我说。

一大一小每天都会把有限的注意力投到这小小的富贵竹身上。

在一个明媚的周末早晨，"妈妈快看，长根了！"，伴随着孩子清脆又骄傲的喊声，我惊喜地发现其中一枝富贵竹的根部冒出了一个像小花苞般的小根芽。

通过耐心的观察，我们了解了各种各样植物的特征，实实在在感受了自然的美妙，这份美妙被我们放进自己的"感官抽屉"里，永久珍藏。

比如：月季的花瓣较为分散，散发出浓郁而不甜腻的香气；苦地丁的花瓣为淡紫色，几乎没有任何味道；白掌的叶子厚实且光滑明亮，其白色的花朵形似一片小小的风帆；狗尾巴草则显得支棱有型，但触摸起来却比真正的狗尾巴少了些许柔软……

当然，在日常生活中就算不刻意学习，我们也能吸收很多知识。但是，如果你想进一步了解不同的花朵的质感和香味，则需要更多的观察并提升自己的感知力。

提升自己的感知力

什么是感知力？就是时刻关注当下发生的事。

乔治·德·梅斯特拉尔在散步的时候，注意到毛刺沾到了他的衣服和狗的皮毛上。看着显微镜下的毛刺，他又注意到毛刺是由微小的钩子构成的。这最终让他创造了魔术贴。

感知力是一个复杂且神奇的心理学概念，也是我们理解和接触这个世界的基础。

如果说生命是一部宏大的交响乐，那么感知力就是我们解读乐章的眼睛和耳朵，帮助我们聆听和感受生命的奇迹。

感知力包含视觉、听觉、嗅觉、味觉、触觉和心理感知，帮助我们畅游这个世界。

我们如何理解和解读外界的信息，以及我们的态度、情绪和记忆如何影响我们对事物的感知，都是感知力的重要组成部分。

古人遵循天地的规律，日出而作，日落而息，正是凭借着强大的感知力。在没有电、没有互联网的时代，李白豪言"君不见，黄河之水天上来，奔流到海不复回"，杨万里树下沾墨赋诗"泉眼无声惜细流，树阴照水爱晴柔"，李清照温婉慨叹"知否？知否？应是绿肥红瘦"。

强大的感知力可以帮助我们认知自己和认识世界，而感知力较弱时可能会让我们困惑或者陷入迷茫。

那么，应该如何提升自己的感知力呢？

第一，保持好奇心。

好奇心是自然赋予人类最珍贵的宝藏，是推动每个人不断前行的内在动力。它如同指南针，引领我们穿越生命的荆棘，探索未知的领域。

有时候，我们或许低估了一个好问题的力量。一个好的问题，不仅能够满足我们的好奇心，更能促使我们深入思考，拓宽我们的认知边界，让我们在求知的道路上越走越远。

第二，有意识地使用五感。

摸一摸你正在读的这一页纸，它的手感是怎么样的？光滑还是磨砂感？它的声音听上去是怎么样的？"咯吱咯吱"还是"沙沙沙"？凑近闻一闻书页的味道，有没有带有一丝树木纤维的香气？把书翻转过来，看一看封面的设计，封面是什么颜色？是否符合你的审美？把这本书的书页从头到尾快速地翻一遍，听听书在吟唱什么？

第三，勤于思考。

思考是感知力的放大器。

爱因斯坦曾说："如果给我一小时去解一道题目，我会用五十五分钟去思考，只要思考正确，那么五分钟足够给出答案。"

思考就像一张羊皮地图，山峰可能只是一个圆圈，河流或许由三个点来标示，而森林则可能由一系列三角形组成。但拥有了这张地图，你就不会再像无头苍蝇一样东奔西闯，而是能够清晰地找到前进的方向。

在行走的途中，不妨放下手机，用心去感受周围的世界：温暖的阳光、湛蓝的天空、郁郁葱葱的树木、绚烂多彩的花朵、熙熙攘攘的人群、川流不息的车辆……这一切都是生活中美好的瞬间，值得我们去细细品味。

感知力是一扇窗，希望你通过它可以看到世界的本真。

让我们珍视并提升自己的感知力，用心感受世界的每一刻。

他人的期待是枷锁

"梦想是自由的，但是，实现梦想，度过幸福一生的人，少之又少。"

在色彩浓厚的漂移镜头中，这句旁白开启了《被嫌弃的松子的一生》。

因为妹妹从小体弱多病，爸爸很偏爱和心疼妹妹。因此，松子总是习惯性地被爸爸忽视。爸爸对松子也总是板着脸，几乎没对她笑过。

松子看到爸爸回家，手里拿着礼物盒，她满怀期待地跑到爸爸面前。但是爸爸却面无表情地把手中的公文包递给了她，随后转身把礼物盒送给了妹妹。

年幼的松子看着爸爸上楼的背影，手里抱着公文包，眼睛里充满失落和不解。

一次偶然的机会，爸爸带松子去游乐园玩。游乐园的小丑玩乐节目，逗得观众哈哈大笑。松子也模仿小丑，扮出一个大鬼脸，爸爸一下子笑了。

从此，松子就经常朝爸爸做鬼脸，为了逗笑爸爸，更为了得到爸爸的关注。

毕业后，松子迎合爸爸的期待，成了一名音乐老师。

有一次，学校超市的钱被偷，松子的学生阿龙成了最大的嫌疑人。在劝解阿龙承认偷窃行为未果后，松子为了息事宁人，选择自掏腰包垫上这笔钱，谎称是自己偷的。因手头钱不够，就先拿了同事的钱包应急，却忘了还回去。

最后偷窃事件还是曝光了，松子让阿龙承认钱是他偷的。阿龙表面答应，在跟校长坦白时，却说松子让他背黑锅。就这样，松子被学校开除了。

被开除后的松子感觉没办法再面对家人，选择了离家出走。这一走，就是一生。

从此，松子的人生坐上了过山车，从高处急速坠落，翻滚，再坠落，翻滚。遇到写不出东西就殴打自己的作家男朋友；沦为风尘女子，挥刀杀死出轨男友；逃跑后遇见了踏实的理发师，却被警察抓捕，判刑八年，待出狱后得知对方已有妻儿；遇见当年的学生阿龙，与其相爱，并一起做了违法的事，两人被追杀，在逃跑途中，松子扭伤了脚，最终阿龙被抓。五年后阿龙出狱，松子拿着玫瑰花去接他，没想到等来的是阿龙的逃跑。

从此以后，松子变成了孤身一人，不再爱人，不再期待。随着年龄的增长，她的精神方面也出了问题，她疯狂地在墙上写"生而为人，我很抱歉"。

一次偶遇，多年前的朋友小惠邀请她重新开始，在准备迎接新生活的时候，她的生命却戛然而止。

关于《被嫌弃的松子的一生》，豆瓣里有一段高赞短评："她不明白人生失败的根源就是全身心地投入，舍弃自尊来博得并不值得拥有的所谓的爱。"

特蕾莎修女曾说过："我们以为贫穷就是饥饿、衣不蔽体和没有房屋，然而最大的贫穷却是不被需要、没有爱和不被关心。"

爱自己是最重要的事

爱是心灵健康成长的力量，从小在父母的爱意中长大的孩子，更容易自尊自爱，这个比黄金更加珍贵。

自爱代表着自己爱自己，对自己好一点儿。

安妮·海瑟薇曾说："如果你不爱自己，当人对你指指点点时，你或多或少会觉得他们说得对。所以当时我就想，我一点儿也不要相信他们说的话，我完全不赞同他们对我的评价，我要弄清楚真正的我是什么样。我要去了解真正的我自己，我不想每次面对流言蜚语时，只会脆弱无助。我觉得我达到了一个新的境界，也许不是每时每刻，但比起以前的我要好得多。我对他人充满爱意以及同情心。而且最重要的是，我很爱我自己，这是我从来没有感受过的。"

是的，这个世界最了解你的，就是你自己。

你需要在内心构建一套自我评价体系，这样当外界的声音对你提出质疑或批评时，你能保持冷静，客观地审视并评估那些话语。

若对方的批评确实中肯，触及了你需要改进之处，你应理智地判断是否采纳并努力改正。而若那些话语仅是无端的指责或误解，你也不必急于反驳或拼命证明自己，因为真正的价值并不完全取决于他人的评价。

认可自己，不是那种骄纵的认可，而是我客观地认识我自己。

那么，怎么知道你是否爱自己呢？

第一，是否好好和自己说话

"我真是白痴！""我太笨了。""这么简单的事我都搞不定。""面试又失败了，我很差劲。"

这样消极的话，只会增加自我的负面标签。

自爱首先就是和善地和自己说话。"这件事就差一点，还好我努力了。""我可不笨，只是再细心点就好了。""看来这件事我没有搞定，没关系，让我看看到底哪里出了问题。""真替老板惋惜，要知道我可是创造力'爆棚'的员工呢！"

第二，是否照顾好自己的身体

熬夜追剧、蜷缩在沙发上不停地吃着薯片、打游戏直至凌晨三点，然后又在清晨六点匆忙出门上班，这样的生活方式显然不是自爱的表现。

自爱的首要之义，便是要珍惜并爱护好自己的身体。我的一位表哥曾说"身体要省着点用"，年轻时我不明白，现在渐渐地懂了。

畅销书作者埃里克·乔根森说："我生活中的第一要务是我的身体健康。对我来说，健康的重要性高于幸福，高于家庭，高于工作。"

第三，在关系中是否好好守护自己

你是否允许他人轻易贬低你？

你是否在自身经济拮据的情况下，仍设法借钱给他人？

你是否明知某段关系让你痛苦不堪，却仍难以割舍？

你是否总是将他人置于首位，而忽略了自己的需求与感受？

毫无保留地付出，这并非自爱，实则是自我伤害。

前面的故事中的松子便是一个缺乏自爱的例子，她未能及时止损，从那些不健康的亲密关系中抽身而出。结果，她如同陷入了一个恶性循环，不断在伤害中徘徊，却浑然不觉。

在这个纷繁复杂的世界中，若要让自己免受伤害，保持坚韧不拔，那么自爱便是最坚实的盔甲。你的自爱，是你最强大的防护罩，任何外界的负面因素都无法穿透。

昆塔·布伦森说："人们不需要喜欢你，人们不需要爱你，他们甚至不需要尊重你。但是当你照镜子的时候，你最好喜欢你所看到的。"

当电影结尾时，松子变成了七岁时候的模样，父亲微笑地看着她。松子朝着父亲微微一笑，不再是噘嘴扮鬼脸。她学会了自爱，虽然是用尽自己的一生。

冥想是一朵花

为了身体健康，你会选择如何行动呢？

你可能会提到健身、散步、力量训练（或俗称的"撸铁"）、打球等多种多样的运动方式，让汗水与多巴胺一同释放，为身体注入活力。

那么，当谈及心灵健康的锻炼时，我们又该如何做呢？

不妨尝试一下冥想吧。

说到冥想，多少带着一些神秘色彩。

在佛教中，冥想常被称作"打坐"或"坐禅"，这个词往往让人联想到身披袈裟、口诵经文的僧人，他们似乎远离尘嚣，沉浸在自我修行之中。

确实如此，冥想这一实践源自古老的东方智慧。早在五千多年前，古印度的高僧们便习惯于隐居山林，通过静坐冥想，在极度宁静的环境中追求心神合一的至高境界。这种修行方式，不仅是对身体的锻炼，更是对心灵的深度滋养。

据说佛祖乔达摩·悉达多在菩提树下静坐后证悟，修成正果。

二十世纪七十年代左右，正念传到西方世界，被心理学界发现和关注，并被使用于科学研究。

科学家们发现，冥想能对人的大脑和生活质量产生强大的影响。

哈佛大学医学院的莎拉等人，在2000年发表的一项研究中，利用功能核磁共振成像（fMRI）技术，深入评估了冥想对于诱导放松反应的作用。他们的研究结果显示，在冥想状态下，个体的杏仁核和海马等关键脑区的信号活动显著增强。这里，杏仁核作为大脑中的情绪处理中心，其活跃度的提升可能意味着冥想有助于情绪的调节与平衡；而海马体，除了与记忆功能紧密相关外，还扮演着压力反应发生与调节过程中的重要角色，其信号增强可能预示着冥想对于缓解压力具有积极作用。

进一步而言，这项研究揭示了冥想不仅能够影响大脑的功能状态，还可能在一定程度上改变大脑的结构，并可能有助于延缓大脑的衰老。

不妨看看别人是怎么进行冥想的。

乔布斯曾到印度进行七个月的修行，专门学习了冥想。

乔布斯的办公室有二百多平方米，里面几乎什么都没有，只有一个坐垫，是他用来打坐的。

《乔布斯传》中，记录了他关于冥想的描述："在印度的村庄待了七个月后再回到美国，我看到了西方世界的疯狂以及理性思维的局限。如果你坐下来静静观察，你会发现自己的心灵有多焦躁。如果你想平静下来，那情况只会更糟，但是时间久了之后总会平静下来，心里就会有空间让你聆听更加微妙的东西——这时候你的直觉就开始发展，你看事情会更加透彻，也更能感受现实的环境。你的心灵逐渐平静下来，你的视界会极大地延伸。你能看到之前看不到的东西。这是一种修行，你必须不断练习。"

传奇超模吉赛尔·邦辰与众多早年迅速走红的明星相似，她也曾经历过一段焦虑不安的时期。然而，正是在这段时间里，她遇到了正念冥想这一心灵疗愈的方式。

她说："我闭上眼睛一分钟就能进入冥想，毕竟我已经练了十七年了。每天冥想真的帮助了我，冥想能让我找到重心，让我能旁观，毕竟当局者迷，旁观者清。头脑的作用就是专注于某一个念头，而你的任务是决定专注于哪一个。我要这个念头，我不要那个念头。你对什么倾注能量，什么就会强化。"

我在学习心理学前没有接触过冥想，总感觉"神神道道"的。

有一次参加活动，活动设置了冥想体验环节，那是我第一次冥想。

最初尝试冥想时，我发现自己难以集中注意力，脑海中各种杂乱的思绪如同瀑布般汹涌而来，让我无法平静。在体验结束后，我对冥想的看法并未立即改变，依然保持着原有的偏见。后来，我才逐渐了解到，原来初次接触冥想时，大多数人都会有类似的感受，因为我们的思绪往往难以控制，容易四处飘散。

后来，随着冥想时间的增加，我发现我的注意力能集中了。

我能感受到太阳照耀着我，还有一朵花在微风中摇曳，雨水滴答滴答落下屋檐，山上的青松哗啦啦作响，仿佛能闻到松枝的香味。

每个人的冥想体验都是独一无二的，下面分享一个基础冥想练习。

找一个舒服的姿势坐下，保持身体中正。采用腹式呼吸法，缓慢地呼吸，坚持十分钟，将注意力集中到吸气、呼气及整个呼吸循环过程。

如果思想开始游离，就任其游离，然后再慢慢将注意力拉回到呼吸上。这种情况可能会反复发生，因此不要有压力，呼吸放松就可以。

练习时间可以从十分钟开始，然后逐渐增加至二十至三十分钟。练习时，可尝试定时或者播放三十分钟的舒缓音乐，这样音乐结束的时候，冥想也就结束了。

有研究称并不一定每次都需要二十至三十分钟，如果你工作或者生活特别忙，那么冥想五分钟也可以。

没必要把冥想弄得太复杂，只需简单地闭上双眼，将注意力集中在呼吸上，这便是冥想的精髓所在。这样的练习能够帮助我们暂时放下无休止的思考，让心灵得到片刻的宁静与放松。

我们为了生存不得不思考，但是大部分思考其实没有意义。如果让你停下来五分钟，你会思考些什么呢？

你可能会想到：那天跟同事说话时，他的眼神很奇怪；冰箱里没有蔬菜了，但你的伴侣对此一无所知。

当你意识到某些事情时，可能会感到生气，这是因为大脑中的想法往往会触发特定的情绪反应。然而，冥想可以帮助你学会如何切断这些想法的链条，让你的大脑得到"清空"，从而达到一种更为平和与宁静的状态。

我们的意识就像是一座花园，要想让花园开出美丽的花朵，就需要播种。播种前，你需要把杂草除掉、石头拿走，再给土壤施厚肥，这样你播种的作物才会长势喜人。

研究表明，冥想具有促进大脑皮层沟回增长的作用，而沟回的增加则有助于提升信息处理的能力，即冥想能够间接地促进智力的提升。值得注意的是，几乎所有主流的冥想技巧都能达到这一效果，它们都能在一定程度上提升大脑的效率。因此，通过定期冥想，你不仅可以获得心灵的宁静，还能在无形中提升你的信息处理能力和智力水平。

如果你不知道怎么开始冥想，你可以打开手机应用商店，搜索"冥想"，找一个你喜欢的应用程序先跟着练习。

另外，在真正入门冥想之前，我建议你不要急于在网上花费大量金钱购买冥想课程。你可以先自己尝试冥想，在有了初步的体验和了解之后，再做决定。

而且冥想真的很简单，不是吗？

你的幸福很重要

易中天老师在厦门大学思明校区演讲结束后，一个记者鼓起勇气问了他一个有点儿深意的问题："易老师，您幸福吗？"

易老师沉默了片刻，说："我偶然看了一期的新闻联播，一个央视记者拿着话筒到处问'你幸福吗，你幸福吗'，结果问了一个四川的进城务工人员，这个人很严肃地告诉他'我不姓福，我姓宋'。"

演讲台下响起了一片欢快的笑声，大家都被易老师的幽默感染了。

易老师接着说："幸福，永远是主观的，幸福是一个纯粹的个人问题。而且一个幸福的人也有不幸的一面，一个不幸的人可能也有幸福的时候。"

我深以为然，幸福就像莎翁笔下的哈姆雷特，一千人眼中，有一千个幸福的模样。

铜牌选手比银牌选手更快乐？

戴维·迈尔斯是密歇根州霍普学院著名的社会心理学家。他研究了奥运会上的运动员，发现铜牌选手比银牌选手更快乐，虽然他们的名次更低。

这是为什么呢？难道不应该是按照我们通常的理解，开心程度与成绩成正比吗？

原因是比较的对象不一样。

银牌选手喜欢把自己跟金牌选手比较，对于银牌选手而言，他距离金牌仅仅一步之遥，他会因为差一点儿就拿到了金牌而觉得自己很失败。但是铜牌选手更可能往下比较，他差一点可能就是第四名，与铜牌失之交臂。跟没有拿到奖牌的运动员相比，自己简直太幸运了，因为差一点儿就没有名次了。

第一条跟幸福有关的小事：比较

俗话说："人比人，气死人。"

当我们抬头向上看，将自己与他人的成就相比较时，往往难以察觉并珍惜自己所拥有的一切。而当我们低头向下看，却常常能发现知足常乐的道理。

我们内心的比较预期，才是真正影响幸福感和快乐的关键所在。

网络媒体时常渲染富人的奢华生活方式，比如美国的卡戴珊家族，从衣着到出行，无时无刻不在网络上展示他们的生活方式，以此吸引流量并获取更多财富。

这些现象无疑会加剧我们的"相对贫穷感"，进而降低我们的生活幸福感。

资本主义制度不可避免地催生了消费主义，琳琅满目的商品如同种子般深植于人们的心中，不断刺激着我们的购买欲望。于是，有些人更愿意用钱来衡量幸福。仿佛有了钱，幸福就唾手可得。

幸福与钱有关系吗？

首先，幸福的本质不是金钱。

钱能减少许多日常烦恼带来的压力，还能带给你安定感和掌控感。

有研究表明，人的幸福感跟收入水平相关，但这种关系不是简单的正比关系。就是说，假如你的收入是另一个人收入的十倍，你不一定会比另外一个人幸福十倍。

金钱和幸福的关系有一个临界点。就是说一个人从没钱到小康这个阶段，幸福感会噌噌上升。过了这个阶段，幸福感和金钱就基本没有多大关系了。

人的成功和幸福确实是多元化的。幸福不仅仅体现在财富上，它还包括了良好的人际关系、健康的体魄、内心的满足感以及生活的深刻意义等众多个人层面的指标。这样的理解更为全面，也更能反映幸福的真实内涵。

当感觉不幸福的时候，你不妨想一想现在所拥有的，你可能更真实、有更好的心态等。活在当下，是提升幸福感的小技巧。

第二条跟幸福有关的小事："小确幸"

"相信幸福的人是幸福的，相信不幸的人是不幸的。"

虽然幸福是一种综合的个人主观体验，但幸福感可以培养。当幸福涌上心头时，会自然激发内心的愉悦感。

我们都知道，与愉悦感有关的神经递质有四种：多巴胺、内啡肽、催产素和血清素。

多巴胺作为一种神经递质，负责传递兴奋和开心的信息，主要作用是让人感到兴奋和愉悦。它来自日常生活中的饮食、实现目标的喜悦、充足的睡眠以及沉浸在爱情中的甜蜜。

内啡肽是身体的补偿机制，让人感到平静、放松和满足。它来自吃饭、运动、性行为和社交互动等活动中。

催产素是一种由下丘脑制造，并在垂体后叶释放到血液中的肽类激素。它主要作用是在分娩和哺乳期间，男性荷尔蒙里也有催产素。

血清素是一种天然的情绪稳定剂，它能够带来冷静的清醒感，并帮助我们保持平常心。通过晒太阳和进行适量的运动，我们可以有效地激发体内血清素的分泌。

曾经有一段时间，我每天都坚持去健身房锻炼，每次大约四十分钟。那一年里，我不仅成功减重二十斤，还明显感觉到精力和体力的显著提升，每天都心情愉悦。因此，我由衷地建议大家找到并坚持自己喜欢的运动方式，无论是每周两至三次还是更频繁，都能为你的生活带来积极的作用。

以下是一些抛砖引玉的"小确幸"，希望能激发你发现生活中更多细微而真实的幸福瞬间。

1. 每天对着镜子里的自己笑一笑。一个爱笑的人，运气永远不会太差。

2. 偶尔忘记东西，也不必放在心上，我们没有办法决定日子的好坏，但可以选择忘掉生活中的不愉快。

3. 有空时，给自己或家人做一顿简单的饭菜，在柴、米、油、盐中放松心情。

4. 坚持阅读。你读过的书，终将成为你成长路上的基石，为你的幸福铺路。

5. 定期存钱。俗话说"兜里有米，心里不慌"，懂得未雨绸缪，提高自己的抗风险能力。

6. 每天给自己一点儿独处时间。独处时，我们才能倾听自己内心的声音，才能找回自我。

7. 早睡早起。再好的补品、化妆品，也比不过优质的睡眠。

8. 找一项自己喜欢的运动，并长期坚持。经常运动的人比不运动的同龄人更有活力、更年轻。

9. 定期整理。生活在杂乱无章的房间里，人会随之变得颓废。整理房间，其实就是整理内心，是心灵的"断舍离"。

10. 奖励自己。每完成一个小目标，可以奖励自己一个小礼物，一束鲜花、一场电影、一件衣服、一次旅行……仪式感会让你感到幸福。

11. 每天写一篇日记。生活虽然一地鸡毛，但是也有很多小幸福，记录下美好的事物并肯定自己当天的行为，留下美好痕迹。

12. "偷得浮生半日闲。"常出去走一走，不仅让人情绪平和，而且让人心情舒畅。

第三条跟幸福有关的小事：做擅长的事

也许你特别擅长演讲，也许你会演奏一项乐器，也许你很擅长打篮球。无论你的优势是什么，培养并实践它们都将使你变得更加积极向上，从而体验到更多的幸福感。

第四条跟幸福有关的小事：付出

付出能给我们一种满足感和成就感，让自己更快乐。

正所谓"予人玫瑰，手有余香"。

东晋时期书法家王羲之在路过山阴城的一座桥时，看见一位老婆婆拎了一篮子六角竹扇在叫卖。那竹扇没什么装饰，而且制作也很简单，路人纷纷走过却没有兴趣购买。王羲之看到后很同情那老婆婆，就走上前去在每把竹扇的扇面上写了五个大字。老婆婆一开始很不高兴，觉得他的字迹很潦草。王羲之安慰她说："你只要说这扇子是王右军书写的，它就可以卖一百钱左右。"

利他行为会给助人者带来积极的感受。力所能及地做一些助人的事，会让你更加幸福。

作家池田大作曾说："幸福绝不是别人赐予的，而是一点一滴在自己生命之中筑建起来的。"

向外看不如向内求，享受生活的每一个小美好、小瞬间，其实幸福很容易。

如果你感觉幸福，此刻你就是幸福的。

爱自己才能爱他人

理查德·弗尼维尔曾说："爱情是一片炽热的狂迷的痴心，一团无法扑灭的烈火，一种永不满足的欲望，一份如糖似蜜的喜悦，一阵如痴如醉的疯狂，一种没有安宁的劳苦和没有苦劳的安宁。"

跟其他火焰般的爱情片不一样，《怦然心动》像一颗青梅。

七岁的朱莉对布莱斯一见钟情，因为布莱斯有星星一样闪烁的眼睛。

朱莉认为布莱斯对他同样有好感，只是因为害羞所以没有行动。她选择了主动，给布莱斯结实的拥抱，给他送鸡蛋，主动跟他分享生活，约他爬树。

但对布莱斯来说，朱莉却是个大麻烦。他假装跟校花约会，把朱莉送的鸡蛋倒进垃圾桶，对自己的外公帮朱莉修缮草坪完全不理解。

朱莉有一棵很喜欢的大树，她总是喜欢爬到树顶看风景，那是属于她的美妙的世界。

一次，朱莉陪着自己的爸爸作画的时候，爸爸突然问她为什么对布莱斯这么着迷。

朱莉讲到布莱斯清澈的眼睛、美好的头发，还有脸红的样子。爸爸语重心长地对她说："你需要抬头看看整个世界了。"

爸爸告诉她："一幅画要大于构成它的笔画之和。"朱莉似懂非懂，直到她爬上大树，远方的风景让她感知到大自然的绮丽和包容。朱莉似乎明白了爸爸所说的"整体大于部分之和"的意思。

突然有一天，朱莉最心爱的大树要被砍掉，她满眼泪水，请求布莱斯爬上来跟她一起守护这棵树，布莱斯和嘲笑她的男生一样头也不回地走掉了。

朱莉伤心极了，爸爸为了安慰她，把那棵树画了下来。朱莉开始理解爸爸说的话：也许布莱斯并没有自己想象中那么好，也许布莱斯只是部分好而已。

在一次晚上家庭争吵过后，布莱斯和外公外出散步，途中他们路过了那棵曾经枝繁叶茂的大树，现在却只剩下裸露的树根，静静地躺在那里。

外公睿智地说："我们生命中会遇到很多人，有些人浅薄，有些人金玉其外而败絮其中。有一天你会遇到一个彩虹般绚丽的人，当你遇到这个人后，会觉得其他人只是浮云而已。"

"斯人若彩虹，遇上方知有。"《怦然心动》一书的译者陈常巧妙地将这句话翻译给了中国读者。

布莱斯终于意识到朱莉是多么美好的女孩。"我喜欢朱莉·贝克。"他想。布莱斯在朱莉的庭院里种下一棵树。站在泥土上的两人握住彼此的手，相视一笑。

我一直喜欢这个电影，不仅是因为里面懵懂的爱情故事，更是因为欣赏朱莉对事物的看法，以及朱莉父母之间充盈又坚实的爱。这份爱让朱莉勇敢追求自己喜欢的人，捍卫自己喜欢的大树。也是这份爱让朱莉从不讨好任何人，在小小年纪就学会了独立思考，不随波逐流，真正理解了美好人性的真谛。

梁永安教授说："在爱情里，人最初动心的那一瞬间往往具有真正的决定性意义，能最终建立起一种非常幸福的、有价值的生活。"

朱莉对布莱斯便是一眼动心。尽管影片结尾并没有告诉我们他们在成年之后的生活，无论他们在一起或者分开各自生活，他们都已收获了成长所赐予的宝贵礼物。

爱情可以被"制造"

心理学有一个著名的"吊桥效应"，研究的是爱情的发生。

心理学家阿瑟·阿伦安排了一位美丽的女性助手，在大学男生群体中开展了一项实验。女助手首先让男生们完成一份简单的问卷，随后留下了自己的电话号码供他们联系。接着，她要求男生们根据所提供的图片编写故事。

这个实验把参加的男生分成三组，调查地点也在三个不同的地方：安静的公园、坚固的石桥和仅靠两条粗麻绳悬挂于卡皮诺拉河河谷的危险吊桥。

心理学家想知道男生们会编出什么样的故事，谁会给漂亮的女助手打电话。

实验结果：在吊桥上参加实验的那组男生中，给女助手打电话的人数最多，而且他们编的爱情故事也居多。

心理学家认为在吊桥上做调查的男生，将站在桥上那种战战兢兢、体温升高和心跳加速的感觉误认为是爱情。到底是恐惧还是对女助手的好感，男生们很难分清。

怦怦的心跳声在某种角度上像极了火焰燃烧木柴发出的噼啪声。或许某个原始人曾暗自庆幸，还好木柴的声音足够大，掩盖住了我的心跳声。

爱情和婚姻不一样

与爱情有关的文艺作品，在人类创作史上如同夜空中的繁星，数量之多，难以计数。每一部作品都像一颗独特的星星，闪烁着各自的光芒，讲述着不同的爱情故事。人们歌颂爱情、赞美爱情、向往爱情。

童话故事总是这样结局：从此王子和公主幸福地生活在了一起。

许多爱情题材的影视剧往往在男女主角步入婚姻殿堂时便戛然而止，似乎暗示着婚后的生活与爱情主题已然脱节。

而现实情况也印证了这一点，以婚姻为主题的影视作品往往聚焦于日常琐碎，一地鸡毛，各种麻烦不断。

人们把爱情主题的作品归类到浪漫言情或偶像剧的领域，而婚姻题材的作品则被视为贴近现实的写实之作。

那么爱情与婚姻之间，为何会存在如此显著的差异呢？

我想借金庸先生笔下的人物——黄蓉来聊一聊。

我最早看的根据金庸先生的作品改编的 1983 版的电视剧《射雕英雄传》。剧中的黄蓉古灵精怪、刁蛮可爱，一心护着老实憨厚的靖哥哥。当我再次看到黄蓉时，她已是《神雕侠侣》中的郭伯母。

我一时间没有办法将灵透的蓉儿和冷漠古板的郭伯母联系在一起，觉得黄蓉变讨厌了。

现在人到中年，我慢慢理解了黄蓉从少女到妇女的转变。

人到中年的黄蓉，面临的环境已经不比年少时。

天下局势动荡不安。长辈们年事已高，力不从心。女儿郭芙自幼被溺爱，性格骄纵跋扈，时常闯下祸端。而大、小武二人资质平庸，作为他们的师母，黄蓉不得不时常为他们操心劳神。至于杨康之子杨过，他聪明伶俐却又狡黠多变，他能否明辨是非，避免重蹈其父杨康的覆辙？此外，襄阳城正被重重围困，城外十几万大军压境，如何寻找援兵解围，成了迫在眉睫的难题。

如果说郭靖大侠管的是天下事，那郭家的家长里短就都是黄蓉操持了。

但是黄蓉依然没有丢失原来的灵气，比如与李莫愁几次对峙，她都是靠自己的计谋保护了自己和家人。她为了让杨过好好活着，骗他等了十六年，才让他有了和小龙女再遇的机会。

在大众眼里，古灵精怪的美少女自然是可爱的，步步为营的中年妇女当然是不可爱的。

但如今，我越发觉得黄蓉这个角色到了中年反而更真实、更可爱了。

我想起以前村口常用的柴锅土灶，湿润的黄泥拌上干草围成一个又圆又胖的土灶，上面架一口大柴锅，后边上方砌一个烟囱，灶膛内放进柴火燃烧，滚滚黑烟就从烟囱里逃出。

如果说爱情就像燃烧的火焰，热烈而耀眼，那么婚姻就像不起眼的柴锅土灶，灶内依然能燃起火焰，但更多的时间，则只有柴火燃烧过后的余温与灰烬。

讲述婚姻的影视剧几乎总是难以摆脱各种日常琐碎和纠纷，它们就像土灶中的那些灰烬，虽承载着维持些许余温的微妙作用，却也不免让人感到疲惫和厌倦。灰烬堆积得多了，则需要清理出去。如果不清理，任它们把灶膛中的空间堆满，那这个土灶也就不能用了。

爱情是火焰，婚姻是柴锅土灶，锅中烹调出来的菜肴则是婚姻生活。菜是否合乎口味则看烹饪的技巧和管理的能力。

想要掌握这些技巧和能力，我们需要具有稳定内核和清晰的自我认知，我们应先学会爱自己，认识自己，给自己积蓄足够的能量，如此才能以更好的状态去爱他人，去进入婚姻的殿堂，才能用智慧打造适合自己的锅灶，掌握爱的火候，烧出最合乎自己口味的美味人生。

希望你依旧有保持爱的勇气和给予爱的能力。

穿越原生家庭，拿到一手真正的好牌

打过牌的人都知道，如果有一点运气，又拿到一手好牌，那么赢牌的可能性就会增加。

假如人生是一副牌呢？

在网上看到过这样一段话："有些孩子人生中最烂的一张牌，不是家里有多么穷，也不是不够聪明、不够优秀，而是有一个令人窒息的原生家庭。父母带给你的不是温暖和爱，而是悲观、自私、冷漠、自我厌弃。在这种家庭环境中长大的孩子，容易变得自卑、敏感，形成讨好型人格，甚至没办法和自己和解。有些父母既给不了物质支撑，又给不了精神引导，缺钱又缺爱。"

近年来，原生家庭对人的影响逐渐成为公众热议的话题。我认识的一位心理咨询师在接待过众多儿童来访者后，直言不讳地表示："孩子本身通常是没问题的，问题往往出在父母身上。"原生家庭的伤痛如同一座无形的牢笼，困住了许多人的心灵。

只有依靠自己，才能成为自己

美国历史学家、作家塔拉·韦斯特弗在十七岁前没有上过一天学。后来，她自学考入杨百翰大学。她先后获得剑桥大学哲学硕士学位、历史学博士学位，并出版了个人自传《你当像鸟飞往你的山》。

塔拉的"牌"是这样：父亲患有严重的偏执症和精神分裂症，是一个虔诚的摩门教教徒；母亲是草药师；哥哥卢克被大火烧瘸一条腿；她本人从小在垃圾场捡垃圾。

塔拉父亲不允许家里的孩子学习，他认为学校都是给人洗脑的地方，认为书是一堆废品。但是塔拉渴望读书，她偷偷背着家人读书。好在哥哥泰勒引导她、支持她，让她去外面看看更精彩的世界。

她努力学习，在学校也越来越开心。她不想回家"做原来的自己"。父亲会冷嘲热讽："你现在有能耐了，拆解废品让你掉价了？这是你家，你就属于这里。"

二十七岁，塔拉提交论文，完成答辩，成了韦斯特弗博士。

塔拉写道："你可以爱一个人，也可以选择和他们说再见。你可以日日思念一个人，也可以为他们消失在你的生活中感到高兴。""人们用了错误的方式表达爱，当我们将爱和控制、权利，改变他人联系起来时，爱就变样了。"

以爱为名的桎梏，有时候才是痛苦的根源。

如何走出原生家庭的痛

要意识到，父母或许也有不幸的童年。

我曾听我的一位远房长辈说，他小时候被他的父亲吊在树上打。他的父母信奉"棍棒底下出孝子"。

那一代的父母有的未掌控有效的情绪管理和表达能力，不知道该怎么对待孩子，怎么和伴侣沟通，但这不是他们的错——我们父母那一代，大部分缺乏父母养成教育、心理关怀。

那个年代，大部分家庭是贫困的，活下来比什么都重要。

他们为我们提供了当年自己所缺乏的资源，如教育、金钱和生活享受，但在精神层面——关怀、同理心、沟通、协调能力以及自我实现的需求上，他们却往往显得力不从心。这并非因为他们不愿意，而是因为他们自身也未曾得到过这方面的教育和引导。他们可能从未被教会如何给予这些精神层面的支持，因此也无法有效地传递给我们。

当你觉得自己是原生家庭的受害者时，你要知道，你的父母可能也是他们各自原生家庭的受害者。

接纳自己的童年

不管童年是好还是坏，都已经是我们生命里的一部分。

生命的长河确实充满了坎坷与曲折，而原生家庭的影响只是这条河流中众多曲折之一。当我们心中充满了怨恨时，爱便难以渗透进来，正如一个已经满溢的水杯，再也无法容纳哪怕一滴额外的水。因此，学会放下与父母之间的纠缠与纠葛，是我们在处理童年创伤、实现自我疗愈过程中至关重要的一步。

分辨父母的人格是否健全

《请回答1988》中有一句经典台词，德善的爸爸说："爸爸不是生下来就是爸爸，爸爸也是第一次当爸爸。"父母不是生下来就是父母，父母是需要学习的。

但是假如你的父母人格不健全，伤害了你，首先你要告诉自己，父母的性格缺陷不是你造成的。你无力改变，更不需要去为此承担什么。

"冰冻三尺，非一日之寒"，父母"冻"了几十年，有时候我们真的无法改变他们。我们要做的是，保护自己，尽快从原生家庭的负面影响中剥离开来；尽可能保持精神和经济的独立，调整好自己的心态，有余力再从精神上和经济上支持父母。

如果父母人格不健全到需要就医，并且有就医的意愿，那么带着他们去进行心理治疗。如果他们拒绝，就尽可能和他们保持一定的界限。

记住，你真的无法改变你的父母。

与父母坦诚沟通

假如你的父母曾伤害了你，甚至遗弃了你，你因此对他们产生抗拒，这完全是可以理解的，因为你的心灵确实受到了伤害。在这样的情境下，你无需强迫自己去亲近他们，每个人的情感恢复都需要时间。

然而，一个值得尝试的疗愈方法是与父母进行坦诚的沟通。这并不意味着你必须立刻原谅他们，而是可以把自己所感受到的伤害和挫败直接而平和地向他们表达。让他们了解，你并非不愿靠近，而是心中有一道难过的关卡需要时间去跨越。这样的沟通不仅有助于你释放内心的情感，也可能为双方提供一个理解和修复关系的机会。

但记住，沟通需要建立在尊重和理解的基础上，不必强求结果，只需尽力而为。

自我成长

你的任务是自我成长，而不是沉溺于过去，等待他人拯救。

"父母给你生命给你爱，只不过他们只能以自己所知道的方式来给予。"

你可以感谢他们，但你的任务是自我成长——成为一个能够独立、自信地与世界和他人建立深刻联结的个体。这意味着，你需要依靠自己的力量去探索、学习并理解这个世界，而不是仅仅依赖父母或他人的指导和教诲。

即使目前我们所走的路并非一帆风顺，充满了各种不适与挑战，但请相信，这些不舒服的感受同样是一种宝贵的体验。当我们终于迎来那些真正的美好时刻时，我们会更加清晰地认识到，这是我们历经风雨后应得的奖赏。

找到生活的着力点

我们每个人到这个世界上，都有自己的使命。不是说要改变世界的那种超级使命，而是用自己的力量，带给身边群体一些正面能量的影响力。

找到生活的着力点，那就是你的使命。

不要再纠结于父母的错误，因为遗憾的是，他们所处的时代和环境可能已经限制了他们实现自我价值和追求梦想的能力。然而，这并不意味着我们应该放弃或忽视自己的使命与追求。

相反，我们应该珍惜并把握住时代赋予我们的机遇，带着自己的使命去探索未知、学习新知，努力成为更好的自己。那些父母可能无法教会我们的事情，正是我们自我成长和突破的关键所在。

每一个孩子终将超越父母，这是不争的事实。

向外寻求帮助

塔拉就是在哥哥泰勒的支持下，寻求了心理医生的帮助。

读到这里，你认为什么是真正的好牌？

我认为真正的好牌，是知道自己拿了一手烂牌，也要努力打赢的牌。

我们必须认识到，世界上并不存在完美的原生家庭。无论父母如何小心翼翼，如何珍视与孩子的关系，在孩子的成长过程中，都难免会留下一些遗憾。

假如你现在深陷原生家庭的困扰，请大胆地选择去学习、去成长，并通过成长去发现自我，以你自己的方式逐渐形成自我认知。

你会惊讶地发现你的每副牌都是好牌。

情绪和你想的不一样

　　人来人往的超市里，贺颂带着四岁的儿子小乐正在采购。小乐跟在她身边，时不时地推一下车或者摸摸货架上的商品。

　　贺颂看到前面货架上的蝴蝶面，快走几步，开始挑选小乐最爱吃的品牌，等她挑好后一回头，却发现小乐不见了。贺颂的心脏怦怦直跳，焦急和害怕攻占了大脑，手也不由自主地渗出了冷汗。

　　"小乐，小乐！你在哪儿？"贺颂推着购物车狂奔。

　　她的心跳越来越快，大脑也一片空白。在连续找了好几个货架之后，贺颂在玩具区找到了正在摆弄机器人的小乐。贺颂一下子抱上去，边抱边斥责："你乱跑什么呀！不是跟你说了跟着妈妈吗？这么不听话！"

　　小乐本来正悠哉地玩着机器人，听到妈妈这样批评，觉得委屈伤心，忍不住哇哇大哭起来，惹得超市购物的其他人纷纷围观。

　　"闭嘴！不许哭！天天一点儿都不让人省心！"贺颂感觉到周围人的目光，感觉很羞耻，于是匆匆把小乐带离现场。

　　你觉得贺颂的处理方式怎么样呢？如果是你，你会怎么处理呢？

　　我们每一天都会带着情绪工作，也会带着情绪睡眠。当受情绪影响时，我们会做出各种积极或者消极的行为。

　　传统的情绪观点认为，情绪随着人类进化而来，是无意识的产物。

我们的祖先经历了某些危险，比如遭遇潜伏在森林的食肉动物的攻击，在逃跑或者躲闪中留下了恐惧；比如说很多人害怕蛇、蜘蛛等内隐恐惧。

但是事实可能并不是这样。情绪理解是一种由主观体验、生理反应、认知评价和行为倾向等多种成分组成的复杂心理现象。它是个体对外部世界和内部需求之间关系的反应，具有高度的个体差异性和情境依赖性。

情绪来自自我构建

当我们面对外部刺激或情境时，我们的情绪反应并不是简单、直接地由这些刺激触发的，而是经过了我们内心的认知评价、情感解读和个性特征的塑造。

安托万·德·圣-埃克苏佩里所著的《小王子》风靡全球。当我第一次看到书中主人公展示的画作时，我觉得画作很新奇也很平常，我确信它是个帽子。

当我翻开第二页，看到蛇肚子里的大象时，我再也没有办法将第一页的图片看成帽子了。

我的大脑发生了什么，以至于改变了对"帽子"的认知？

我的大脑从第二页的图片中提取了大象和蛇的信息，然后结合这个信息，完成了对第一页图片的构建。

这个体验告诉我们：你过去的经历、直接体验，以及通过观看电影、游玩、阅读等方式所积累的经验，共同塑造了你对当前事物的感知和意义赋予。这个过程是习惯性的，意味着一旦你的感知框架被构建起来，就很难再像初次接触时那样，单纯地看待某个事物，比如把帽子仅仅看作一顶帽子。

大脑就是这样神奇的魔术师。

小时候，我特别害怕蚯蚓，我也不知道为什么。每当下雨天走在路上，我总是紧张兮兮，眼睛盯着脚丫子范围内的湿地，内心祈祷着："拜托了，千万别让我看到蚯蚓。"一看到蚯蚓，我的整个脚心就发麻发痒，忍不住要跳起来。

假如你现在正在看一枝盛开的月季花，突然飞来一只蜜蜂，你会怎么处理？你对蜜蜂的应对方式，很大程度上取决于你心理上对蜜蜂的印象。如果你曾经被蜜蜂蜇过，你可能拔腿就跑。相反，如果你没这样的经历，你会看着蜜蜂飞过，而蜜蜂毫不影响你继续看花。

这是情绪的一个实例。这种情绪像提炼黄金一样，是被提炼出来的，不再是无意识的原始情绪，而是有意识的情绪。

我们再回到贺颂和小乐的案例。当贺颂发现小乐不见了的时候，她的原始情绪诸如恐惧、害怕、焦虑等开始控制她寻找儿子。当她找到小乐的时候，她的情绪转变成有意识的愤怒、应激等情绪，也可以叫它"衍生情绪"。

当小乐的哭声引来众人围观时，贺颂又感觉到羞耻，这种羞耻的情绪让她暂时压住怒火，于是停下责骂并带走小乐。那么当她把小乐带到无人处时，是会让愤怒重新涌上心头，继续责骂，还是冷静下来不再生气呢？不得而知。

情绪的复杂性就体现在这里，它时而像洁白的云，时而像狂暴的雨，时而像太极八卦图里互相追逐的黑与白……令人捉摸不透。

掌控情绪的小方法

第一步，命名自己的情绪，比如我愤怒、我忧伤、我难过、我惊讶、我高兴、我恐惧等。

第二步，给自己的情绪强度打分，最好是百分制。

第三步，确定自己可承受的范围，比如悲伤的情绪，我觉得六十分以下，我都可以承受。假如我现在悲伤程度是五十分，那我就不做处理。假如我的悲伤程度是七十分，就问问自己：这个情绪是怎么来的？有没有什么资源去改变和应对？

第四步，识别自己的情绪。了解情绪产生的过程和机制，当情绪来临时，分析下原始情绪，还是经过滤后加工过的情绪。

情绪产生的过程是这样的：

外界事件 A——对该事件的认知评价 B——情绪 C

梳理情绪的一把几乎万能的钥匙就是：认知重评。

贺颂担心小乐的情绪只有她自己知道，却没有传达给孩子。她如果稍微静下心来评估下衍生情绪，或许这样说会更好："小乐，妈妈看到你不见了真的很担心，以后如果你想来玩具区玩，记得跟我说一下。而且超市人特别多，你一个人在人群里穿梭，是不太安全的。"这样的话，小乐不会感觉到被斥责，而是会感觉到妈妈对他的担心，大概率也不会哇哇大哭了。

每当情绪涌上心头，试着问问自己：我刚刚在想什么？我为什么生气?

最后是接纳情绪。当你面对无法处理的高危机事件引发的情绪时,要理解以下三点。

第一点:我们不是非得对抗我们的负面情绪。

第二点:可能是我们目前的经验无法处理这种情绪。

第三点:在人生的旅途中,有些危机和变故,如生老病死、悲欢离合,是每个人生命中都可能遭遇的常态。

不妨将这份情绪放置在一个更长远的时间框架中去审视,想象一下五年后,甚至十年后的自己:当再次回想起今天所发生的事情时,内心将会涌起怎样的感受?那时的自己,是否还会像现在这般在意呢?

掌控情绪小练习

在科幻巨作《沙丘》中,主角保罗接受圣母的戈姆刺测试,自己的性命被牢牢攥在圣母手心里。

在极度害怕的状态下,保罗吟诵母亲杰西卡教授给他的祛除恐惧的文字:

我绝不能恐惧。恐惧是思维的杀手,是潜伏的小小死神,会彻底毁灭一个人。我要直面它,让它掠过我的心头,穿越我的身心。当这一切过去之后,我将睁开心灵深处的眼睛,审视它的轨迹。恐惧如风,风过无痕,唯有我依然屹立。

我觉得这个方法挺像现代心理学的直面和接纳,作者本人弗兰克·赫伯特也学习过荣格心理学。

【小练习】

我不想要 _____

改写成：

我需要 _____，因为 _____ 可以 _____，我要用它
_____。

比如：我不想要悲伤，我需要悲伤，因为悲伤可以让我懂得珍惜，
我要用它更珍惜身边的人。

当你发现有原生情绪的时候，别排斥，让它尽情地来。你可以选择
外出旅行，到小树林里散散步，或者读书、看电影、听音乐等，尝试不
熟悉的事物，去促成更多体验。

说到这，你可能会问我：现在还害怕蚯蚓吗？

说实话，还是会害怕的。

但是那种害怕可以被控制，再看到蚯蚓，我的脚心不再痒了。我
会对自己说："没事儿没事儿，只是蚯蚓而已，蚯蚓还是益虫呢，
吃着土壤，滋养土壤。"

如果你有特别害怕的动物，可以尝试用这种方式描述它，对这份恐
惧情绪重新认知评估。

接下来，来了解下如何应对一些日常的情绪低谷时刻吧。

愧疚

有可能你因忘了答应某人的事而产生愧疚感，那么你可以送一份道

歉卡或者小礼物，告诉对方你的歉意和姿态，自己心里也会舒服些。

小拒绝

在微信朋友圈发了几张美照，居然没人点赞；给别人发了信息，他却半天没回复，你会感觉到不太舒服。我们分享生活是给自己看的，又不是给别人看的，对吧？至于没回复信息，可能是别人在忙，与其纠结，不妨直接打电话沟通。

未完成的任务

心里有事就不踏实，制订一个任务计划就足够了，相信我。

纠结于过去

别总是沉湎于几天前，甚至几周前谁谁谁说的那些话。"昨日种种，譬如昨日死"，试着分散一下注意力，让它们成为过去吧。

莫名其妙的坏情绪

有时候不知道为什么，就是莫名其妙的心情不好。这时候做一些让自己开心的事吧，看电视剧、听歌曲、找好朋友聊天，都可以缓解突然来临的坏情绪。

小烦恼

有一回，我刚踏出家门不久，便猛然发现钥匙还静静地躺在家里。那一刻，我顿时焦急起来，火气也随之上升。我埋怨自己太过粗心大意，为何在出门前没有仔细检查一番，这种懊恼的情绪几乎让我无法自持。

我相信，你也曾有过这样的小烦恼吧——手机突然出故障，电脑莫名其妙地变蓝屏，或是因一时疏忽而错过了某个重要的时刻。

然而，在这些烦恼涌上心头之时，不妨提醒自己放宽心态。你可以试着问问自己：这真的是一件值得我铭记一年，甚至更久的事情吗？如果答案是否定的，那么，就尽量让自己从这些琐碎的烦恼中解脱出来，不要让它们过多地占据你的心灵空间。

饥饿带来的坏情绪

饥饿会带来坏情绪，这是经常被我们忽视的，饥饿对情绪的影响之大远超出我们的想象。常备一些小零食，及时补充碳水化合物，提升能量。

太累了

当一个人在极度疲惫的状态时，确实很容易情绪失控或行为冲动。因此，如果感到累了，不妨多休息一会儿，或者打个十五分钟的小盹来补充精力。

保持头脑的清醒状态，坏情绪能消去一半。

巴尔扎克说过："一个人的情绪低落，疾病就会控制他的躯体。"

情绪并非与生俱来的，而是在后天成长与环境的影响下逐渐形成的。无论是积极的情绪还是消极的情绪，都源于我们内心的掌控与调节能力。积极的情绪能够像阳光一样温暖周围的人，而消极的情绪则可能像阴霾一样影响他人的心情。

中医学认为，人有喜、怒、忧、思、悲、恐、惊的情志变化，亦称"七情"。《黄帝内经·素问·阴阳应象大论》指出："怒伤肝，悲胜怒；

喜伤心，恐胜喜；思伤脾，怒胜思；忧伤肺，喜胜忧；恐伤肾，思胜恐。"
这是古人对人体和生活的观察，也包含一定的哲学思辨。

生活中，乐观积极的态度自然值得鼓励，但也要允许自己偶尔"丧"
一下。

可以表达愤怒，但不盲目发火；可以感到生气，但不盲目发泄。

尝试与情绪和平共处，你才有精力追求更充实的人生。

悦己，让自己自由且快乐

"女为悦己者容"出自《战国策·赵策一》，大意是女子愿意为欣
赏自己、喜欢自己的人装扮自己。

随着时代的进步，悦己这一概念如今更多地被理解为自我取悦，即
追求个人的内心满足和快乐。

杨绛先生在《一百岁感言》中说："我们曾如此地渴望命运的波澜，
到最后才发现，人生最曼妙的风景，竟是内心的淡定与从容。我们曾如
此期盼外界的认可，到最后才发现，世界是自己的，与他人毫无关系。"

人生在世，好好关照自己，是我们要终身学习的技能。

2006 年，我路过报刊亭，一本名为《悦己 SELF》的杂志吸引了我
的目光。那时的我并没有读书或者读报刊的习惯，但不知何故，这本杂
志的名字却深深打动了我，让我最终决定将它带回家细细品读。后来又
陆陆续续买过几期，随着成家生子，身边的杂事越来越多，这本杂志渐

渐淡出了我的生活。

2020 年的某一天，我在网上偶然得知这本《悦己 SELF》杂志即将停刊的消息。尽管我已经很久没有购买过它了，但那一刻，我的心还是不由自主地颤动了一下。那种感觉，就像是许久未见的老友，突然在你的世界里短暂地闪现了一下，然后却悄然离去，再也无法相见。

在我还不懂什么是悦己的时候，悦己和我浅浅地打了个照面。

在我略微懂得悦己是什么的时候，悦己挥挥手让我照顾好自己。

悦己的前提是了解自己

我觉得悦己是很私人的感悟，需要个人对自己有深入的了解，或者愿意深入探索自己的内心需求。

如果有这个愿望，并且积极行动，悦己是自然而然发生的。

如果活在别人的眼光和言论中，特别在意别人的评价或者态度，那么就很难悦己。因为悦己就是首先要看到自己，然后印刻到心里，进一步延伸到自我关爱的行动中去。

十几岁的某一天，我站在镜子前，不经意间发现我的左边嘴角旁，距离嘴角约两厘米的位置，有一个细微的小黑点。随着时间的推移，在我日复一日骑车上下学、与伙伴们嬉戏玩耍的间隙里，那个小黑点竟悄然生长，逐渐变成了一个显眼的痣。

恰巧那时，我正沉迷于一部电视剧，剧中有一个爱搬弄是非、喜欢说闲话的媒婆角色，她的左边嘴角赫然长着一颗圆滚滚的大痣，人们戏称之为"媒婆痣"。这一幕不禁让我心中一沉，我开始暗自琢磨：难道我的脸上也长了一颗"媒婆痣"吗？这样的念头让我心情低落，难以释怀。

自此以后，我看见那痣就不开心，总想把它处理掉。好像处理掉它，我就不是媒婆了似的，其实有这痣我也不是媒婆呀！

前段时间，由于我需要一张个人的漫画形象照，我便精心挑选了一张自拍照片，满怀期待地交给了专业的画手。两天后，当我从画手那里接收到漫画初稿时，我惊喜地发现画手不仅精准地捕捉了我的面部特征，还特别细心地描绘了我左边嘴角的那颗痣。这一细节的添加，使得整幅漫画照瞬间变得生动有趣，极具个人特色。原来我认为的缺点，可能是别人眼里的特点。

那一瞬间，我和这颗痣和解了。我接纳了我的痣，尽管它并不需要我这样做。

自我接纳是悦己非常重要的一部分。

我遇见过许多女孩，她们明明已经拥有令人羡慕的美貌，却仍不满足，总是希望鼻子能再挺拔一些，眼睛能再大一些，皮肤能再白皙一些，仿佛这样便能更加完美；她们在各自的领域里展现着卓越的能力，却仍时常自我怀疑，觉得自己还不够好；或许只是身形略显丰腴，却常常自嘲过于肥胖，担心因此而不被接纳。她们总是习惯性地聚焦于自己的不足，并用一种近乎苛刻的眼光，将这些缺点无限放大。

接纳自我就是主动地、有理想地调整对理想自我的认知。

可以保持批判思维，但不要盲目地自我批判。

加措写道："心是人生的鼓点，不同的律动带来不一样的人生。"不要以和人相比判定自己的价值，正因我们彼此有别，才使每个人显得特别。

你不必完美，你是特别的、独一无二的你。接纳自己，包括那些不那么努力、不那么优秀的时刻。

建立悦己清单

你可以事先列一个快乐事件的清单，这个行为本身就是一种自我关怀的体现，它让你更加专注于自己的内心世界，而不是一味地寻求从他人那里获得认可或交换快乐。

在你感觉状态好的时候，打开笔记本或者手机记事簿，记录下来。

比如：你喜欢某家花店的插花，每次路过你都想去闻一闻，记下来；发现自己特别喜欢某款咖啡，记下来；喜欢在晚上做瑜伽，记下来；看到一只金毛狗摸一摸很开心，记下来；一条中意的长裙，一首好听的歌，一个喜欢的博主，一句喜欢的话，统统记下来。

状态不好的时候，翻看那些让你开心的事，尝试做一下。

你关注着自己，感受着自己，让自己快乐，这些就是悦己的过程。

学会"玩"

某博主发文："三十岁了才真正学会玩。"我非常认同。

我们从小就被教育要珍惜时间，深知"一寸光阴一寸金"的道理，因此每天都要做有意义的事。然而，这种观念有时也导致了一种误解，即认为所有缺乏明确目的的活动便是不务正业。我们会觉得玩是没有收获的，必须做"有意义"的事。

我觉得所谓"有意义"，一方面是社会评价层面的"有意义"，另一方面就是自己定义的"有意义"。

伯特兰·罗素曾说："你能在浪费时间中获得乐趣，就不是浪费时间。"

如果你做的事能取悦自己，纯粹的玩耍也是值得的。

站在更高的地方

你也可以尝试从更高的层次审视自己。

《夏洛的网》中的蜘蛛夏洛用自己的智慧帮小猪威尔伯活了下来，在它即将离开世界的时候说："生命到底是什么啊？我们出生，我们活上一阵子，我们死去。一只蜘蛛，一生只忙着捕捉和吃苍蝇是毫无意义的，通过帮助你，也许可以提升一点我生命的价值。谁都知道，人活着该做一点有意义的事情。"

有网友向《纳瓦尔宝典》的作者埃里克·乔根森提问："生命的意义和目的是什么？"

埃里克·乔根森回答："第一个答案，生命的意义是一个私人问题。每个人都必须找到自己生命的意义。你得坐下来深入思考，努力探究这个问题。寻找人生的意义，可能需要几年或者几十年。一旦找到了，那就会成为你生活的根基。第二个答案，生命没有意义，生活没有目的。"

埃里克认为宇宙已经存在了一百余亿年，未来可能会继续存在七百亿年。跟宇宙的历史相比，人类的生命相当于不存在。

我想多谈一些关于"社会时钟"与"按部就班"的话题。

"什么年龄就该做什么事"这句话，常常是长辈们挂在嘴边的教诲。从某种程度上说，他们的话并非全无道理，比如生育方面，女性超过三十五周岁确实会被视为高龄孕妇，面临更高的风险。

然而，若我们完全遵循这一信条生活，往往会陷入一种无形的压力与焦虑之中，仿佛身后总有一根鞭子在驱赶着我们前行。

许多人会自问："为什么我还是单身？"或者"为什么别人都有了孩子，我却还没结婚？"他们不自觉地给自己设定了一个时间表，让自己倍感压力。很多时候，这种紧迫感并非完全源自内心，而是外界。尤其是来自父母至亲的催促，使得这种压力显得尤为沉重。

我认为，我们应该积极地拥抱世界，去探索、去体验，但不必过于急躁。我们需要拥有一些勇气，去抵抗社会时钟的束缚，不要让它完全左右我们的人生轨迹。每个人都有自己的节奏和步伐，只要我们在自己的道路上坚定前行，总有一天会找到属于自己的幸福与满足。

你很重要。这就是悦己的真谛。

从今天起，请好好爱自己。

我们应当学会取悦自己，而非一味迎合他人；同时，认识到自我认同的重要性，以及保持积极心态的必要性；此外，还应当设定清晰的界限，以便在需要时能够给予自己恰当的守护。

你或许会对我的某些观点持有异议，特别是当我直言不讳地说"讨好"在某种程度上其实是种自私的表现时，这种表述可能会引起你的不适。但即便如此，我仍坚持我的立场，保留并尊重自己的观点。

你要花时间了解自己，要清晰地知道自己要去往哪里，然后安静、笃定地走下去。

你就是你，重要的你。

附录
治愈系心灵语录

自我认知篇

1. 真正的幸福和内心的平静，往往源于对自我的深刻认知和接纳，请踏上这场认识自我的治愈之旅，找回力量与光芒。

2. 每个人都是独一无二的存在，自带天赋特质和价值观。学会欣赏自己的独特，拥抱自己的不完美。请记住，你值得被爱，值得被尊重，无论你身处何处，成为何人。

3. 弱点是一枚钻石，折射出真实的光芒。

4. 自我，如同一片迷雾中的孤岛，时而清晰可见，时而模糊不定。当你在时间的洪流中漂泊时，别忘了寻找真实的自我。

5. 你的喜、怒、哀、乐都是自我认知的开始，接纳那些曾经的伤痛或遗憾，因为它们也是生命的肥料。

6. 去阅读、去思考、去倾听，去和你周围的一切联结。勇敢地让自己去经历、去碰撞，从而更真切地感受自己的存在与价值。

7. 看清自己，找准人生的方向，才能拨云见日，从容地在红尘俗世中漫步。

8. 一个正在探索和成长的人，是勇于面对自己的人，是值得被爱和尊重的人。

9. 真正的幸福，往往源于内心的平静和满足。

10. 觉醒从来不是突然到来的，它经历了漫长的酝酿，却姗姗来迟。它让我们从沉睡中醒来，从迷雾中走出，用新的眼睛打量这个世界。

原生家庭篇

1. 原生家庭如同一颗种子，深埋在我们心灵的土壤中，影响着我们的成长、性格、价值观及人生轨迹。

2. 我们无法选择自己的原生家庭，但我们可以通过后天的努力，改变和过好自己未来的生活。

3. 如果小时候被错误对待，负面情绪会长出"杂草"，请为自己的心灵备一把小铲子，拔出"杂草"，重建自我。

4. 孩子的言行举止就像一面镜子，或多或少都带有父母的影子。

5. 父母干涉了你人生的课题，请告诉父母他们越界了。你不必因为达不到他们的要求而产生愧疚感和自责感。

6. 独立，先独而后立。只有凭借自己的力量，才能创造独立的人生。

7. 父母也曾是小孩，父母也会有情绪消极的时刻。学会治愈自己，才能把过往伤疤抚平。

8. 为了让你的子女有一个好的原生家庭，你有责任重塑家庭文化，通过陪伴和养育子女，你将能够感受到更多的幸福。

9. 人生并非数学公式，也不存在唯一正确的答案。你不必苛求自己必须每次都做出完美的计算，也不必强求每天都能达到优秀的标准。

10. 请给你的强大加上"允许"这一项。

亲密关系篇

1. 很适合的爱人，会让你感觉到安全，给你带来满满的归属感。

2. 在繁星点点的夜空中，爱情是最明亮的那颗星。它跨越光年与你交汇，写下诗篇让你沉醉。

3. 在爱情中，我们学会了付出和理解，懂得了无私和包容。

4. 自信不应仅仅依赖于爱人的偏爱，而应根植于生活的点点滴滴，源自书香的浸润，生长于内心的自制力与不懈的自律之中。

5. 你敲爱情的门，如果敲了很久，门都没开，那么你可以换扇门。

6. 珍惜每一次争吵，因为那是爱情在提醒你们：是时候好好聊一聊了。

7. 猜忌和多疑是一把黑色匕首，会刺伤爱人的心灵空间，我们需要找到平衡，学会信任和放手，而不是束缚和控制。

8. 你的伴侣不能为你的开心或者不开心负责。直面你的不适感，学习自我安慰。

9. 告诉你的伴侣，你需要 Ta 照看小孩，你需要 Ta 赠送纪念日的礼物，你需要和朋友聚会时不被打扰。直接告诉 Ta 你真实的需要，你们的关系会更好。

10. 观察你的爱人，看 Ta 整体而非局部，看 Ta 优点而非缺点，看 Ta 行动而非语言。

育儿篇

1. 养育孩子，就是在养育内心深处那个儿时的自己。

2. 当孩子领悟到学习的真谛和努力的意义，即使父母不费口舌，孩子也会自己找到向上的力量。

3. 陪孩子捡树叶，带孩子玩滑梯，听孩子吱呀呀的言语，告诉孩子"我爱你"。

4. 如果想让孩子读书，你需要先去读书；如果想让孩子爱上运动，你需要先跑起来；如果想要孩子成就人生，你需要先成就你自己。

5. 孩子不是完美小孩，父母亦无法成为完美父母。

6. 孩子的成长很简单，只要父母不阻拦。

7. 多夸夸孩子，早上夸，中午夸，晚上夸。夸奖可以让我们发现孩子的优点，还可以激活孩子的力量。

8. 允许孩子慢慢来，当他感到辛苦时，允许他暂停下来；孩子不听话时，允许他表达不满；当孩子做错时，给他机会，引导他自我反省。

9. 孩子教会父母的，比父母教会孩子的，多得多。

10. 为什么天空是蓝色的？为什么阳光是金色的？为什么花儿是红色的？啊！因为儿童的心灵是透明色的！

情绪篇

1. 情绪是无形的旋律，引领你我起舞。有时欢快像夏日艳阳，有时沉重若秋扫落叶。无论哪种舞步，它都是生命中不可缺少的一部分。

2. 想哭就哭，想笑就笑。

3. 大道理其实你我都懂，只是小情绪实在难以捉摸。

4. 开心就微笑，伤心就痛哭，愤怒就跺跺脚，丧气就摸摸自己的头。

5. 生命是什么啊？是左手快乐右手忧愁，是上面绝望下面希冀，是这边苦涩那边甜蜜。

6. 现在，请扬起嘴角送自己一个微笑。

7. 只有欣赏自己的人，才是真正快乐的人。

8. 有快乐和他人共享，会得到两份快乐；有困苦与他人分享，会去掉半份痛苦。

9. 如果没有泪水，珍珠也会不复存在。

10. 悲伤是傍晚天边的余晖，快乐是清晨凝结的露水。

职场 / 社交篇

1. 当你感觉到孤独，你便开始真正理解了人生。

2. 朋友就是我欣赏你，你也欣赏我。

3. 如果你要别人成为你的朋友，你需要拿出真诚。

4. 在职场，没有目的的学习是一种浪费。

5. 真相或许不美好，闷声做事的人很难提升，表达自己需求的人更有魅力。

6. 成年人的友情是自我负责、自我关照。

7. 人与人之间的微妙关系好比猫咪的毛线团，是容易打结的，不容易处理好的。有时候小小的关心带来好感，有时候无心的言语会伤害感情。

8. 自信大方的微笑是永远的介绍信。

9. 一颗糖比一大杯苦瓜汁更能吸引到蚂蚁，人和人的相处也是这样的。

10. 有选择地交朋友，是对自己负责任的表现。

压力 / 焦虑篇

1. 瓦砾间的种子，也会拼命开出一朵花。

2. 困难最害怕的事就是你直视它。

3. 平平坦坦的直路，难免少了些趣味，要绕一些弯、跨一些远，还能顺便踢几块石头，薅几株狗尾巴草插在帽檐。

4. 压力就是你手里拿着滚刀，面对一整块比萨，却不去切。

5. 顺境固然好，逆境才是常态，这两者都是命运的安排，坦然地面对才是最好的方法。

6. 如果生活本身已经让你很累，过度焦虑只会加重这种感觉。

7. 太阳说自己很焦虑，银河系臂旋拍了拍它，星云也给它打气。只有宇宙眨眨眼思考，到底什么是焦虑？

8. 专注做事是打败焦虑的武器。

9. 不要忽视身体的声音，不要忽视自己。如果你感觉到自己有不能抵挡的压力，不要陷入只有自己的泥潭，积极寻求外在的帮助，会让你轻松一些。

10. 在爬山的时候，我们总要先在谷底徘徊。在有转机之前，我们总要经历一些不开心的日子。

敏感 / 内耗篇

1. 上帝给了你敏感的特质，是为了让你更好地体会生活。

2. 用敏感的眼睛看世界之人，内心永远是热烈的、欣喜的，甚至是富足的。

3. 不敏感的人像蒲公英，坚韧又勇敢；敏感的人像兰花，清雅而坚贞。

4. 敏感不是缺陷，而是一个特点。

5. 无须刻意坚强或钝感，我们可以与这个粗糙的世界相处。无须羞耻或歉疚，我们可以捕捉美好瞬间。

6. 一个生动的人，是正向着天空伸出枝丫的树。

7. 想做什么事，就马上去做吧。行动本身就是关闭内耗的开关，保持一种生动和快乐的心情，让生活热气腾腾。

8. 允许焦灼、顾虑像海浪一样舔过你的脚丫，允许希望、力量像旭日一样填满你的双眼。

9. 没有情绪波动的是镜子，最安静的湖面也会有涟漪。

10. 你的心，像玻璃一样脆弱，却也因此拥有了特别的光彩。

自爱 / 被爱篇

1. 独处是一种境界，一个人只有独处的时候，才能将全部精力集中于自己，通过适合自己的方式，恢复精神和体力。

2. 你的眼爱你，你的手爱你，你的脚爱你，你身体的每一个细胞都在爱你。

3. 笑着、唱着走自己的路，哪管他狂风骤雨。

4. 一个人真正的自我意识，在于真正理解自己的存在，然后在磕磕绊绊中长起来、走出路来。

5. 娇艳的玫瑰带有尖刺，憨厚的仙人掌以刺为铠甲，当自我边界被侵犯时，保护好自己。

6. 你全身心的爱和力量，要给予自己和真诚爱你的人。

7. 如果你在童年满满地被爱，你是如此幸运；如果你在童年少少地被爱，你可以长大后自爱。

8. 每一岁都是最好的年纪，每一天都是全新的一天，每一秒都是真实的一瞬。把时间赠予自己，才不辜负每一刻的年华。

9. 勇敢尝试，失败了也没什么大不了。世界上没有绝对的安全、稳定，只因世界唯一不变的就是变化。

10. 想让"爱自己"不沦为一句空谈，你必须时时关照自己的身心。

沟通 / 界限篇

1. 正能量的人就像太阳，会给你带来光和热。

2. 越熟悉、越亲近的人，越容易越界而不自知。即使被告知"你已越界"，他依然觉得小题大做。

3. 画好自己的圈，不要去画别人的圈。

4. 边界感就像人与人交往的阀门，太紧或太松都会让对方不舒服，需要恰到好处，而且要因人而异。

5. 沟通的时候，我们往往急着去表达、去评价、去给建议，这些都会影响沟通的效果。多倾听，偶尔重复对方的话，以及多问，这些都是对他人的尊重。

6. 懂得拒绝和主动追求，会让你活得更轻松。

7. 正常的你来我往的沟通可以继续，而争强好胜的呛嘴应选择暂停。

8. 有时候，沉默比语言更有力量。沉默是一种深思熟虑，是一种承当。在沉默中，我们聆听自我的声音，感受万物的寂寥。

9. 现代的社交模式之所以令人疲累，是因为夹杂了太多利益和互惠的渴求。

10. 你对这件事怎么看？为什么你会这么想？你的目的是什么？问一些看起来像是小学生问的问题，但事实上，通过这些问题能走进对方的心里。